현장실무중심
한국조리실습

현장실무중심 **한국조리실습**

1판 1쇄 인쇄 2019년 8월 20일
1판 1쇄 발행 2019년 8월 27일

지은이   김 은 실
펴낸이   나 영 찬
펴낸곳   MJ미디어
출판등록 1993. 9. 4. 제6-0148호
주소   서울시 동대문구 천호대로 4길 16(신설동 기전빌딩 2층)
전화   02-2238-7744
팩스   02-2252-4559
홈페이지 kijeonpb.co.kr

ISBN 978-98-7880-285-7

정가 23,000원

현장실무중심
한국조리실습

김 은 실 지음

미디어

머 리 말

음식은 한 나라의 삶과 문화를 나타낸다. 한국의 전통문화에 대한 전승과 발전은 여러 방면에서 계승·발전되어 왔으나 음식부문은 아직 저변 확대되지 못하고 있으며 정치·경제·사회·문화의 모든 면에서 세계적인 수준의 변화를 요구하는 시점에 한국음식은 중요한 의미를 가진다고 할 수 있다. 특히 음식부문에서 외국의 음식문화를 적절히 조화시키지 않을 경우 우리 국민의 건강과도 직결되는 문제이지만 경제적인 부분에서도 많은 문제를 야기할 수 있다.

한식은 우리의 자랑이다. 한식에 사용되는 재료는 자연에 순응하고 있으면서 우주의 근간을 이루는 음양오행설의 조화와 오방색의 자연스러운 색상으로 한국의 미를 나타낼 수 있어 아름답고 음식을 먹으면 마음을 차분히 가라앉히면서 편안하게 해 주는 것이 한식의 장점이다. 특히 우리의 음식은 몸을 치유해 주는 약식동원의 의미를 갖고 있는 것이 특징이다. 우리는 한식의 슬로푸드 장점을 최대한 부각시켜 한식이 주식인 우리나라 사람은 물론이고 모든 지구촌 사람들에게 지금보다 더 한식을 알려야 하는 시점에 도달해 있다.

일본의 스시, 프랑스의 와인, 이탈리아의 커피나 피자와 더불어 우리의 음식은 웰빙 로컬 슬로푸드로 세계인들의 입맛을 사로잡는 음식으로 거듭날 수 있도록 노력하기를 바라는 마음이 간절하다. 역사는 인간의 발자취라고 할 수 있고 음식문화의 흔적이라고도 할 수 있다. 세계적인 음식문화를 수용하기 위해서는 우리의 전통적인 식문화가 바탕이 되어야 한다. 음식문화의 전통은 오랜 역사를 통하여 축적되었으므로 인간의 체질과 건강을 유지하고 문화적인 의미를 이해하는데 도움이 될 수 있을 것이다.

이에 본서는 제1편에 한국음식의 형성과 발전과정을 정리하였고 한국음식의 재료와 양념에 관해서도 심층 분석하였으며, 실습편에서는 조리법과 사진을 첨가하여 이해를 도울 수 있도록 준비를 하였다.

마지막으로 향토음식에 대한 이론과 실습을 통해 한국음식 문화 전반에 대한 이해를 할 수 있도록 하였다.

　본서는 한국의 음식문화 전반적인 부분의 이론과 실습 교재로 활용할 수 있도록 정리하려고 노력을 하였지만 아직도 부족한 부분이 많다고 생각한다. 하지만 한국음식에 대한 전반적인 이해를 돕고자 실무와 이론을 함께 수록하였다.

　끝으로 본서가 나오도록 많은 도움을 준 가족들과 동료, 선생님, MJ미디어 나영찬 대표님께 깊은 감사를 드립니다.

2019년 8월
저자 드림

CONTENTS

CHAPTER 1
한국음식 문화

CHAPTER 2

한국조리 실습

CONTENTS

CONTENTS

CHAPTER

3

향토음식

제1장

한국음식문화

제1장

한국음식문화

1 한국음식문화의 개요

1. 한반도의 위치와 기후의 다양성

우리나라는 유라시아 대륙의 동북부에 위치한 반도국으로서 북쪽은 육로로 대륙과 연결되고, 동·서·남의 3면은 바다로 둘러싸여 있다. 지세상의 특성을 보면 중강진에서 남으로 낭림산맥이 흐르고, 동해로 근접하여 태백산맥이 남북으로 길게 뻗어 있다. 그 사이에 예성강, 대동강, 한강, 금강, 낙동강을 중심으로 비옥한 유역의 평야가 형성되어 좋은 농토 역할을 한다. 서쪽으로 산맥이 많이 뻗어 있어 대지, 분지, 다도해로 다양성을 띠고 있으며, 벼농사를 짓기에 적당한 지세를 이루고 있다. 수리상으로는 북위 33~43°의 북반구 중위도에 위치하며, 남북이 10°의 범위에 위치해 있고, 경도는 124~132°에 위치하고 있다. 기후는 냉온대 기후에 속하며, 한대성 기후와 열대성 기후의 이중성격을 띤다. 겨울과 여름의 연교차가 크며 4계절이 뚜렷하다. 겨울에는 북서풍이 강하기 때문에 김장 준비를 따로 해야 하고, 여름에는 비가 많아 장마철을 지내게 되므로 장아찌를 담가 여름을 지내기도 한다. 그리고 전국 각지가 지역적, 자연적으로 다양한 음식을 만들어 내기에 좋은 환경을 갖추고 있다.

강수량은 500~1,500mm인데, 세계의 연평균 강수량인 747mm보다 높아서 습윤한 지역에 속한다. 그래서 충분한 강수량이 필요한 벼농사는 남부지방에 편중되고, 강수량이 집중되는 여름철이 농번기가 된다.

한국의 지세

2. 지형과 식품재료의 다양성

우리나라는 산지가 전 국토의 70%를 차지하지만 산맥은 그리 높지 않다. 산맥의 흐름을 보면 태백산맥과 함경산맥이 동쪽에 치우쳐 있고, 개마고원이 함경산맥의 북쪽으로 치우쳐 있어서 동쪽과 북쪽이 높고 남쪽은 낮다. 그리고 각 하천 하류 지역에는 충적평야가 형성되어 벼농사의 중심지가 되고 있다.

기원 전 2,000년경에 시작된 벼농사는 중국으로부터 육로를 거쳤다는 북방설과 서해를 거쳤다는 남방설이 있다. 그리고 현해탄을 거쳐 우리의 벼농사가 일본으로 전수되었다.

해안과 해류의 경우에 동해안의 겨울철은 북한 한류가 남하하여 흐르고, 여름철에는 동한 한류가 북상하여 청진 부근까지 세력을 미친다. 근해의 수온은 동해안이 20℃ 정도이고 서해안이 24℃ 인데, 이런 환경에서 한류성 어족과 난류성 어족이 계절에 맞추어 회유하므로 좋은 어장 구실을 한다. 강우량, 온도, 일조율이 다면적 기후구를 이루고 있어 농업의 입지조건이 좋다.

우리나라 제1의 작물은 벼로써 쌀밥을 주식으로 삼게 되었다. 밭보리는 영남지방이 주산지이고, 쌀보리는 전라남도와 경상남도에서 집중 재배된다. 반면에 한지에서도 잘 자라는 기장과 수수는 북한지방이 주산지이다. 우리나라는 4계절의 변화가 뚜렷하기 때문에 제철의 산출식품을 건조법, 염장법 등으로 저장하는 저장법이 발달했으며, 이로 인해 김치, 장류, 젓갈류 등의 발효식품이 발달했다. 기후의 변화에 따라 식품 재료가 다양하게 생산되고, 반도국이므로 삼 면의 바다에서 여러 종의 어패류가 산출된다. 또한 평야가 발달하여 쌀농사가 주 산업이고 주식으로 쌀을 이용하기 때문에 이러한 곡물 산업에 따른 부재료의 다양한 발전을 갖게 된 것이 우리의 음식문화이다.

특히 동해안, 서해안, 남해안과 같은 해안지역에서는 다양한 어패류들을 이용한 수산물 음식이 발달하였고 경북, 충청도와 같은 내륙지역에서는 논과 밭에서 나오는 작물을 이용한 음식이 많다. 강원도와 같은 산간지역에서는 산채류와 감자, 옥수수를 이용한 음식을 많이 만들어 먹었고 서울지역은 전국 각지에서 올라오는 해산물과 농산물을 이용한 다양한 음식을 만들어 먹는 문화이다.

3. 한국음식문화의 형성과 특징

3.1 한국음식문화의 형성과정

3.1.1 수렵, 채집, 경제시대의 식생활

한반도에서 농업을 시작한 것은 신석기시대 이후로 추정된다. 그 이전의 시기에는 들짐승이나 산짐승, 조개류 등의 자연물이 식량의 대상이었는데 기후는 덥고, 먹을 것은 한 해 동안 언제라도 열매, 새순, 연한 나뭇잎 등을 얻을 수 있어서 그들 나름대로 본능에 따라 생활을 즐기며 살았다. 이 시대의 유물로는 평양시 상원의 검은 모루 동굴, 덕천 동굴 등이 있었다.

전기 구석기시대의 연모는 자연돌과 주먹도끼 등의 뗀석기류였고, 중기 구석기시대의 연모는 기능이 분화된 연모와 골각제품이 많아졌다. 후기시대의 연모는 종류와 수법이 다양해지면서 긁개, 밀개, 돌칼, 화살촉 등을 이용하였다. 골각제품은 뼈로 만든 것인데, 찍개, 찌르개, 뼈바늘 등이 있다. 수렵의 수단은 투창법, 활쏘기, 몰이사냥, 사냥개 동원이었다. 어로와 채집은 뼈낚시 등을 이용했고 고비속, 고사리속 등의 나물이 이용되었다. 이때부터 불을 사용했는데, 이 시대의 생활인들이 모닥불에 익혀서 먹었음을 알 수 있다. 이러한 생활모습은 오늘의 바비큐로 이어져 왔다.

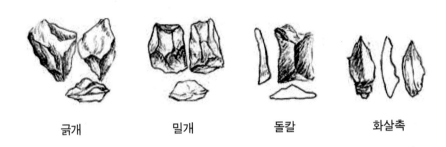

| 긁개 | 밀개 | 돌칼 | 화살촉 |

3.1.2 농업 발단에서 벼농사의 전파기

우리나라에서 농업이 시작된 것은 신석기 중기이고 처음에 식물 생태의 관찰에 의해 열매씨를 싹틔우고 파종하여 식생활이 안정되고 정착생활을 하며, 여자에 의해 발전된 농업이다. 일반적으로 원시농업이나 목축을 실시했다. 이때에는 마제석기와 토기가 등장한다. 우리나라의 농사는 잡곡농사부터 시작된다. 구석기시대가 60만 년 전이라고 할 때, 신석기시대는 기원 전 6,000년경으로 보고 있다. 황해도 봉산군 지탑리 등에서 탄화미가 발견되었는데, 이는 잡곡농사의 시작이라고 볼 수 있다. 종류로는 기장, 조, 피, 콩, 팥 등이 있었다. 최초의 농기구는 뚜지개인데, 요즘의 삽과 괭이 같은 것이고 갈판과 갈돌이 사용되었다. 또한 확돌과 절구가 사용되었는데, 확돌은 차돌로 낟알을 갈 수 있도록 홈이 파여진 것이다. 그리고 음식을 익히고 담을 수 있는 식사 용기였던 발형토기가 있었는데, 이것은 오늘날 뚝배기에 해당된다. 고대 농경시대의 음식으로는 장경호 안에 담았던 술, 돌판에서 지진 떡류인 전병, 돌판에서 갈은 미숫가루, 잿불에서 구운 군떡, 군암, 토기에서 끓인 된죽(이때 도제 숟가락이 사용됐음), 시루의 등장과 찐음식 등이 전해져 왔다.

우리나라의 농업은 신석기시대 중기경에 잡곡농사로부터 시작되었다. 신석기시대라는 개념은 일반적으로 원시농업이나 목축을 실시하여 식량 생산 경제가 이루어졌던 배경에서 전개된 문화기를 가리킨다. 또한 신석기문화에는 마제석기와 토기(빗살무늬, 물결무늬)가 등장한다. 이와 같이 어로 중심으로 생활하던 터에 중국의 동북방으로부터 농업을 아는 이주민이 들어옴으로써 농업이 시작되었다.

3.1.3 철기문화 환경에서 농경생활의 정착

기원 전 4세기경에 철기문화가 전개되면서 농업 도구가 철기로 바뀌었다. 이 철기문화는 중국의 철기문화를 수용한 것이지만, 삼한지역에서 철이 생산되었으므로 철기의 생산기술이 발달하고 있었다. 이러한 환경에서 철제 농구가 일찍 보급되어 농업 생산기술이 향상되고 농업이 번성하였다.

부여는 토지가 오곡을 재배하기에 적합했고 영고라는 제천행사를 지냈다. 고구려는 토지가 각박하여 농사짓기가 힘들었고, 수렵과 채집으로 생활했으며 이들은 발효식품의 가공을 하였다. 10월이면 제천이 있었는데, 이를 동맹이라 한다. 옥저는 토지가 비옥하여 오곡을 경작하기에 좋았다. 10월이면 무천이라는 천제를 지냈다. 예는 농사를 잘 지었고, 양잠을 해서 비단을 만들었으며, 점을 쳐서 그 해의 풍작을 예지했다.

삼한은 마한, 변한, 진한으로 이 중에서 마한은 곡식과 양잠을 했으며 11월에는 추수감사의 제를 올렸다. 변진은 토지가 비옥하여 벼농사가 잘 되었으며 철이 생산되었다. 보리농사는 중국으로부터 전래되었다. 보리의 재배는 기원 전 7,000여 년경에 시작되었다. 우리나라에서 보리농사가 시작된 삼한시기는 현재로서는 알 수 없으나 중국으로부터 전래된 것이다. 보리의 원산지는 지중해 연안이며 기원 전 10,000여 년 전부터 보리와 밀의 야생종을 식용하다가 기원 전 7,000여 년경부터 맥류를 본격적으로 재배하였다. 이것이 그리스를 거쳐 중앙아시아와 중국으로 전파되었다. 특히 삼국 중 신라에서 활발히 경작하였다.

일본의 벼농사는 기원 전 2~1세기경에 규슈의 북부지방에서 시작되었다. 이 시대에는 어업과 어패류 채집이 활발했는데, 어로 용구는 자돌법, 낚시법, 망어법 등이 동원됐다. 또한 조개와 물고기, 쑥과 마늘 및 마, 양축과 수렵고기 등을 이용하여 생계를 이어 나갔다. 이 시대에는 발효식품의 가공이 늘어났으며, 술빚기, 장, 절임 등이 있었다. 고기요리는 구워낸 맥적이 있었고, 시루에서 찐 증숙요리에는 찐밥, 떡, 고기와 어패류의 찜요리가 있었다. 또한 찬목법을 이용해서 불을 지폈는데 이는 나무를 마찰시켜 불을 붙이는 발화법이다.

3.1.4 한국 식생활 구조의 성립기

고구려, 신라의 삼국을 거쳐 통일신라에 이르는 과정에서 한국의 주요 식량 생산 및 상용음식의 조리가공, 일상식의 기본양식, 주방의 설비와 식기 등 한국 식생활의 구조와 체계가 성립됐다. 삼국은 모두 중앙집권적인 귀족국가로써 왕권을 확립하고 농업을 기본산업으로 해서 국력과 영토 확장을 해나갔다.

먼저 삼국의 토지는 국가의 소유로 하였다. 이와 같이 국가 소유였던 토지를 공신이나 귀족들에게 부여하였는데 그 토지가 확대되면서 토지가 부와 권력의 척도가 되었다. 벼농사에 필요한 관개공사를 적극 추진하며 흉년에 대비하고 양곡의 원활한 공급을 위하여 임대반, 진휼제도 등을 제도화하였다. 이러한 환경에서 쌀, 보리, 밀, 콩, 팥, 녹두 등을 주요 작물로 재배하였고 밀은 지중해 지역에서 7,000년경에 재배되었다. 이것이 중국의 북부지방으로 전래되었고 우리나라에는 삼국시대에 전래되었다.

고구려는 대륙의 선진문화를 일찍 받아들였다. 그런 관계로 철제와 소를 이용한 심경농업을 실시하였다. 삼국 중 백제는 벼농사 짓기에 가장 좋은 조건을 가졌으므로 쌀의 주식화가 이루어졌다고 볼 수 있겠다. 신라는 보리농사가 일반적이었으나 후에 벼농사 지역인 가야와 한강 이남을 얻음으로써 쌀밥의 주식화가 이루어졌다.

삼국시대에는 탈각 분쇄 용구로서 확돌, 절구, 맷돌, 디딜방아 등이 구비되어 있었다. 주방 설비는 입식형 주방과 부뚜막을 사용하였고 도르래를 이용하여 우물물을 폈다. 또 이때에는 시루를 사용하여 찐 음식이 상용되었고 곡물음식으로는 지진떡, 찐떡, 친떡, 찐밥 등이 있었으며 정월 보름에 먹는 오곡밥이 이때에 유래되었다. 떡에 대한 여러 가지 설이 있는데 삼국시대에 적힌 것에 의하면 설병이 있었다고 한다. 그리고 우리의 고대떡을 본떠서 일본으로 들어간 대두병, 소두병, 전병, 맥병, 부류병 등을 짐작할 수 있다.

삼국은 모두 중앙집권적인 귀족 국가로서 왕권을 중심으로 토지를 국가 공유로 하여 세수를 직접 관장하였다. 삼국 모두 벼농사를 제1위의 작물로 해서 농업기술 증진에 필요한 시책을 폈으며 농작물을 종합적으로 보면 쌀, 보리, 밀, 조, 기장, 수수, 콩, 팥, 녹두 등이다.

고구려는 중국의 동북부에 위치하여 있었으므로 농업의 발달, 벼농사의 도입, 철기문화의 수용 등 대륙의 선진 문화를 일찍 받아들였다. 조와 콩을 많이 재배하였고 일찍부터 구휼제도가 있어서 수해나 한해가 있었을 때에 나라에서는 관곡(官穀)을 무상 또는 유상으로 방출하였다.

백제의 성립은 본래 벼농사의 적지로 있던 마한을 배경으로 성립된 것이다. 즉 백제는 중기경에 벼농사의 적지를 많이 점유했으므로 쌀의 주식화가 이루어졌다고 생각할 수 있다.

설립 초기에서 중기경까지 신라에서는 보리농사가 일반적이었다. 그러나 6세기에 벼농사 지역인 가야를 점령하고 벼농사의 적지를 점유하여 벼농사국이 되었다. 미곡이 증산되고 비축되는 사회 환경에서 쌀밥(부의 상징)의 주식화가 일반화될 수 있었다.

도정 제분 용구 및 주방 설비를 살펴보면 앞에서도 언급했듯이 삼국시대에는 탈각 분쇄 용구로서 확돌, 절구, 맷돌, 방아, 디딜방아 등이 구비되어 있었다. 원시 농업시대에서 쓰던 갈돌은 철기시대에 이르러 완전히 소멸되고 확돌과 절구로 교체되어 삼국시대는 물론 오늘날까지도 이어져 있다.

일상생활의 모습으로 해석되는 고분벽화에 시루가 걸려 있다. 이런 모습은 그 당시에 시루가 주방의 기본 용구였음을 말하며 곡물음식도 찐 음식이 상용되었음을 알 수 있다.

곡물음식과 발효식품 및 기타음식을 살펴볼 때 "삼국사기"에 의하면 떡과 밥은 제물로 쓰일 만큼 중요한 음식이었다. 지진떡, 찐떡, 친떡, 찐빵은 오늘날까지 이어지는 가장 토속적인 음식이다. 우리나라의 감주는 일명 식혜라고 하며 쌀밥을 엿기름으로 삭혀 달게 만든 당화식품의 하나로, 발효식품은 아니고 우리나라의 고유한 음료 제법인데 삼국시대에 이미 만들고 있었음을 알 수 있다. 무쇠솥의 일반화를 살펴보면 이미 삼국시대에 기본 용구로 되었다는 사실은 우리나라 금속문화 발달의 한 척도이다.

발효식품으로 술, 기름, 장, 시(豉), 혜(醯), 포를 상용식품으로서 비치하는 관습이 정착되었다. 그밖에 구이, 찜, 나물과 같은 조리법이 이루어졌다고 보아야 한다. 다른 것과 마찬가지로 차도 신라 27대 선덕왕 때 중국으로부터 우리나라에 전래되었다.

3.1.5 한국 식생활 구조의 확대, 정립기

우리나라 식생활 문화의 역사에서 볼 때 고려는 우리나라 식생활 문화의 전반적인 체제와 구조가 확립된 시기로 생각한다. 고려 이전에 형성되었던 일상식의 기본요소와 밥상 차림으로 구성된 일상식의 양식은 고려에 와서 미곡의 증산과 숭불 환경을 배경으로 한 것이다.

1) 병과류의 발달

떡은 연회음식, 통과의례 음식, 명절음식, 선물용 음식과 같은 의례용의 전통음식으로 되었다.

꿀물을 내려서 찐 설기떡은 고운체에 쳐서 수분과 공기의 혼입상태를 균일하게 한 다음 시루에 익히는 떡이다. 설기떡의 하나인 고려율고는 밤가루 대 쌀가루의 비율을 2 : 1로 고루 섞어서 꿀물로 축여 시루에 찐다.

물내리기를 해서 촉촉하고도 탄력이 생기도록 만든 설기떡의 조리법은 점성이 없는 쌀가루로 부드러운 맛을 나게 하는 데 적합한 기법으로서 과학성이 짙은 조리법이다. 그밖에도 어린 쑥잎을 쌀가루에 섞어서 떡으로 찐 청애병이 있다. 꿀보다 설탕의 맛을 칭송하였음은 꿀은 고래로부터의 토산물이고 설탕은 새로운 수입품이어서 선호성이 컸음을 알 수 있다.

- 점반(약식) : 찹쌀에 기름과 꿀을 섞고 다시 잣과 밤, 대추를 넣어서 섞는다.
- 과정류 : 과자류를 이르는 우리 한자어이고 단맛이 많은 음식을 총칭한다. 종류에는 약과, 강정, 다식, 전과, 과편, 엿강정 등이 있다.

2) 국수, 만두, 상화, 동지팥죽, 차

- 국수 : 고려에서는 밀이 부족하여 중국에서 사들였기 때문에 면의 값이 매우 비싸다. 그래서 성찬이 아니면 쓰지 않았다.
- 상화 : 밀가루를 술로 반죽해서 팽창시켜 다시 반죽한 것을 껍질로 하고 고기나 팥소를 넣어 쪄서 익힌 만두의 일종이다.
- 만두 : 중국의 음식으로 우리나라 도입시기는 확실치 않다.
- 팥죽 : 맑은 새벽같이 몸을 평온하게 하고 기를 돋우어 기상을 바르게 한다.
- 차 : 불교 문화의 성행으로 차를 마시는 풍습이 가장 성행하던 시대는 고려시대이다. 궁중에서는 다방을 두고 행사가 있을 때마다 '진다례'와 '다과상'에 관한 일을 담당하게 하였다.

3) 채소음식 및 김치의 분화 발달

채소음식은 부식 식생활로 뜰 안에 키우면서 섭취하였다. 무로 만든 장아찌와 동치미를 먹으면서 비타민을 섭취했으며 가지는 날로도 먹고 요리도 하였다. 실파로 만든 좌반이 술 안주에 좋고 고깃국, 생선국에도 넣었다. 박과 박나물, 오이, 아욱도 부식으로 이용하였다.

고려시대에는 연하고 맛이 좋은 채소가 많았으므로 동치미와 같은 침채형 김치가 많아졌다. 즉 고대에는 채소에 소금과 쌀죽을 섞은 것 또는 장에 절인 김치가 많았다. 고려 초기에는 숭불사조가 돈독하였으므로 왕은 스스로 육식을 절제하고 국민에게도 육식을 삼갈 것을 권했다. 그러나 중기 이후 육식을 매우 선호하게 되었다. 따라서 후추의 사용도 증가되었다. 유우소를 두고 낙수와 같은 유제품을 만들게 하여 조선시대까지 계속 설치되어 있었으며, 낙수를 진상하고 우유로 만든 낙죽은 보양음식으로 이용되었다.

4) 고려의 술

청주, 탁주, 소주 등 술빚기를 잘했지만 소주의 증류주법이 도입된 것은 고려 중기 이후이다. 일반 국민은 막걸리를 특별한 법도 없이 마셨다.

3.1.6 한국 식생활 문화의 정비기

조선시대는 한국 식생활 문화의 전통 정비기라 할 수 있다.

1) 농서의 간행과 동의학의 연구

조선왕조 초기에는 한글을 상정하였고, 인쇄술이 발달하여 농서(농사직설, 금양잡록)의 간행이 활발하게 되어서 우리나라 풍토에 적합한 농업기술을 적극적으로 계몽할 수 있었다.

동의학의 연구와 향약 연구가 발달함에 따라서 배합 기준이나 상비식품의 가공기술 등이 합리적으로 발달하게 되었다.

2) 외래 식품의 재배와 그 음식

- 고　추 : 향신료, 김치, 고추장과 같은 발효식품의 필수 재료로 쓰인다. 산지는 남미대륙이며, 콜럼버스가 미대륙을 발견한 후로 중국, 한국, 일본으로 옮겨진 것인데 우리나라에는 1600년 전 후기에 들어왔다. 처음에는 고추를 저며서 김치에 넣었으나 음식법이 섬세해지면서 실고추로 썰어 쓰게 되었다. 한편 고추를 가루로 버무리게 된 것은 19세기 중기경으로 추측된다.
- 고구마 : 영조 39년, 일본 통신사인 조엄이 대마도로부터 부산으로 그 종자와 재배법을 보내 왔다.
- 감　자 : 순조 때에 청으로부터 들어온 것이다.
- 호　박 : 고추와 함께 들어온 남방식품으로 애호박은 찬물용으로 좋다.
- 수　박 : 고려 선조 때에 홍다구가 처음으로 개성에 파종한 것이다.
- 토마토 : "지봉유설"에서 "남만시는 초시이다. 봄에 심어 가을에 열매를 맺는데 그 맛이 흡사하다. 근자에 한 사람이 중국에서 씨앗을 가져왔다"고 알린다.
- 옥수수 : 1700년대에 중국을 거쳐 들어온 것이다.

3) 양생음식

음식은 자고로 '약식동원'이라 하여 양생적인 면이 많다. "규합총서"는 1809년에 빙허각 이씨 부인의 저서인데 술과 음식편에 "동의보감"의 인용이 40여 개소이고 "향약집성방"의 인용이 20여 개소이다. 전래음식은 체험적인 검증을 거쳐 여과된 것이기 때문에 대체로 약식동의의 의미가 담긴 것이다. 조선시대의 양생음식은 특별한 재료로 만든 것이라기보다는 극히 보편적인 향약재를 음식에 배합하여 만든 것이다.

이런 의미의 음식에는 향약을 가미한 가양주, 향약으로 끓이는 죽, 향약을 이용한 음청류 등이 있다.

4) 밥상차림의 과학화

우리 일상식의 기본양식은 밥과 반찬으로 구성한 주식과 부식이다. 반찬수에 따라 3첩, 5첩, 7첩으로 나누며 같은 식품과 같은 조리법이 중복되지 않도록 하는 것이 기본이다. 이 기본을 따르게 되면 당연히 여러 가지 식품과 조리법이 배합되어 영양성 균형을 이룬 식사 내용이 되는 것이다. 이러한 반상 원칙은 과학 신장의 풍토를 배경으로 한 것이기 때문에 자연히 척도나 무게가 표준화되었다.

- 반상기 : 외상 차림용이므로 1인용이 기준이다. 그 쟁첩은 현대 영양학에서 설정된 1인 1일 영양 권장량의 한 끼분의 식품으로 만든 음식을 담기에 알맞은 크기이다.
- 장   독 : 용량은 10동이들이, 8동이들이, 6동이들이의 크기로 만들어져 있었다. 또한 북쪽지방의 장독은 남쪽지방의 장독보다 구경이 큰데 이는 남쪽은 일조량이 크기 때문에 졸아들 염려가 있기 때문이다.

온돌 설비가 보급되면서 입식과 좌식으로 이원적이었던 식사의 양식이 좌식으로 일원화 되었고 살림의 혁명이라고 할 수 있는 놋그릇은 음식이 식지 않고 깨지지 않는 편리한 식기로 식생활 경영상으로 볼 때 매우 합리적인 발전이다. 이밖에도 백자, 청화백자, 분청사기, 오지백자의 보급이 확대되었다.

5) 향토음식의 발전 및 구황식품

우리나라는 지형적으로 산맥이 많아 각 지역의 산물과 기온 조건에 따라서 토산품이 생기게 되었고, 그 토산품을 중심으로 향토음식이 발전하여 정착된다. 이런 동향은 향토음식의 발달은 물론이고 우리 음식문화가 다양하게 확대되는 동기가 되었다. 한편 이런 토산물들은 서울로 집산되어 육의전을 중심으로 왕에게 바쳐지게 되었으나 지방은 문물의 교류가 향시를 중심으로 행하여졌다. "도문대작"은 광해조 때 허균이 그 당시의 명물식품을 소개한 것이다.

기후의 변동을 인력으로 조절할 수 없으므로 작물의 수확이 여의치 못하면 기근에 이르는 일이 많았다. "증보문헌비고"에 의하면 한재(가뭄의 피해)가 157회, 수재가 150회나 되었으므로 구휼시책을 세워 각 지방마다 매년 재력에 따라서 비축미를 납입하였고 해안 지구에서는 의무적으로 해초의 채집과 제염을 구황식품으로 지정하였다.

기근으로 죽는 사람이 많아지자 구하는 법, 구황에 가장 좋은 솔잎죽, 솔잎 미숫가루 등이 소개되었다.

6) 가정의례 및 음식의 발달

(1) 통과의례의 존중과 의례음식

음식문화에서 의례음식의 규범은 사회 환경의 영향을 받아 변동한다. 조선시대의 의례는 크게 개인중심 통과의례와 공동체 형식의 생업 의례인 농경의례, 어업 의례 등으로 구분된다.

- 생업의례 – 옛날부터 이어지는 토속신앙의 유습
- 개인중심 의례 – 유교이념이 반영되어 철저하게 가정의례로 존중되었다.

(2) 예의범절과 연회의 관행

손님 접대는 마음과 음식으로 맞이하는 것이 옳은 범절로 지금까지 미풍양속으로 전승되어진다. 따라서 제사나 손님 접대에 쓰려고 가양주와 술안주를 상비하였고 일찍이 솜씨가 발달하였다. 술안주는 포, 족편, 편육, 회, 숙회, 동치화(꿩) 등 여러 종류가 있고 이런 안주들은 손님상에 차려지며 조리법은 집안 대대로 며느리에게 이어졌다.

7) 대가족 생활의 식생활

조선시대 대가족 제도 하에서 식사준비와 주방관리에서 장독대, 겨울의 김장광 등, 절기마다 행하여지는 연중행사들은 주부의 고달픈 일들이었지만 주부의 긍지이고 권위이기도 하였다. 이런 주부의 고달픈 일들은 한국 음식문화의 전통 정비와 전수에 공헌한 과정이기도 하였다.

(1) 장류

간장, 된장, 고추장이 기본품목이며, 음력 정월 우수일 전후가 적기로 이보다 늦으면 변질을 막기 위해 소금물의 농도가 짙어져서 장맛이 좋지 못하다. 계절장으로 입춘장에 담수장(담북장), 봄철에 막장, 여름철에 집장, 초가을에 청태장, 겨울에 청국장이 있다.

(2) 김치와 김장 행사

신선한 채소가 함유하는 영양상 성분을 보유하고 더하여 유산발효를 해서 상쾌한 맛을 주는 음식으로 평가되는 김치는 엄동 3~4개월의 채소가 없는 겨울에 비타민 공급원으로 그 솜씨가 더욱 합리적으로 발달하였다.

조선시대 문헌에 등장한 김치 종목이 150여 종에 이르렀다.

① 봄철의 김치

나박김치, 돌나물김치, 햇배추김치, 과동한 신건지, 햇깍두기, 총각김치 등
② 여름의 김치

오이소박이, 오이지, 열무김치, 양배추김치, 가지김치, 깻잎김치, 풋고추김치, 부추김치
③ 가을의 김치

배추섞박지, 생굴깍두기, 고춧잎김치, 갓김치, 파김치, 총각김치, 삭힌 고추김치 등
④ 김장

통배추김치, 보쌈김치, 섞박지, 깍두기, 총각김치, 갓김치, 파김치, 삭힌 고추김치, 고들빼기김치 등

초겨울이 담는 시기이지만 초여름부터 멸치젓, 조기젓을 담고, 늦여름에 마늘 준비, 초가을에 오이, 풋고추를 절여서 고추 등을 갖추어 놓고, 입동 전후에 김장을 하였다.

(3) 명절음식

정월설날 : 흰떡국

입춘절식 : 오신반(겨자채)

상원절식(정월대보름) : 오곡밥, 아홉 가지 나물, 부럼

중화절식 : 송편

중삼절식 : 두견화주, 두견화전

단오절식 : 차륜병

유두절식 : 햇밀로 지진 밀전병

삼복절식 : 육개장국

추석절식 : 햇쌀송편

동지절식 : 붉은 팥죽

8) 개화기의 서양음식

조선왕조가 한 · 미 수호조약을 체결하면서 여러 가지 문물이 서울로 들어왔다. 고종이 독일계 여인인 손탁 여사를 위하여 손탁 호텔을 열도록 한 것이 서양요리가 본격적으로 도입되는 계기가 되었다. 그리하여 1890년에 최초로 궁중에 커피와 홍차가 소개되었다.

왕조 함락 이후 궁내부 주임관으로 있으면서 궁중요리를 하던 안순환이 1909년 종로구 세종로에 명월관을 개점하였고, 그 이후 종로구 인사동에 태화관, 남대문로에 식도원을 다시 내면서 궁중음식의 명맥을 이어 오고 있다.

4. 한국음식의 특징

한 민족의 식생활 문화는 그 민족이 거주했던 곳의 기후, 풍토와 정치, 경제, 사회, 문화적 배경에 따라 형성되고 발전되어 왔다. 역사적으로 볼 때 고조선 · 부여 때는 만주벌판은 물론 요하유역까지 국경을 접하고 있었기 때문에 북방문화가 전래되어 그 요소도 지니면서 발달했다. 지리적으로 볼 때, 남쪽으로는 삼 면이 모두 바다이기 때문에 해양문화가 일찍부터 발달했으며, 또한 남방문화의 유입도 가능했다. 대륙은 산악지대, 평야, 분지, 계곡, 유수면(流水面)을 고루 갖추고 있기 때문에 문화의 발달도 다양성을 지니고 있다.

1) 한국 음식 자체의 특징

① 주식과 부식이 확연하게 구분되고 부식의 숫자가 많다.

한국 음식은 밥을 중심으로 하여 여기에 따르는 반찬을 먹는 것이 가장 일상적인 형태로 주식과 부식이 여러 가지 종류와 조리법으로 발달하였다.

② 곡물류의 가공 조리법이 다양하게 발달되었고 저장식품이 발달했다. 또 김치와 기타 발효음식이 발달하였고 건조 및 조림음식도 발달하였다.

③ 조반, 석반을 중히 여긴다.

④ 절후에 따라 시식을 즐기고 각 절기마다 절식이 발달하였다.

⑤ 자극적인 음식을 즐기고, 간을 중요시 여긴다.

한국 음식은 이른바 '갖은 양념'이라고 하여 음식의 재료가 가지고 있는 맛보다는 여러 가지 양념을 많이 하여 생긴 새로운 맛을 즐긴다.

⑥ 약식동원(樂食同源)이라는 식생활관을 엿볼 수 있다.

"좋은 음식은 몸에 약이 된다"는 근본 사상이 나타나 있다. 보통 음식에 한약의 재료,

곧 인삼, 생강, 대추, 밤, 오미자, 구기자, 당귀가 흔히 들어간다.

2) 식생활 제도상의 특징

① 대가족 중심의 가정에서 어른을 중심으로 모두가 독상이었다. 따라서 그릇과 밥상은
1인용으로 발달해 왔다.
② 음식은 처음부터 상 위에 전부 차려져 나오는 것을 원칙으로 했다. 이는 3첩, 5첩, 7
첩, 9첩, 12첩 등 반상차림이라는 독특한 형식을 낳게 했다.
③ 식사의 분량이 그릇 중심이었다.
즉, 상을 받는 사람의 식사량에 기준을 두는 것이 아니라 그릇을 채우는 것이 기준이
었으므로 음식을 남기는 일이 허다하였다.
④ 식후에는 꼭 숭늉을 마셨다.

3) 풍속상의 특징

① 식생활에 풍류가 있으며 그 예로서 절기음식 등에서 공동의식의 풍속과 풍류성이 발
달하였다.
② 의례를 중히 여겼다. 따라서 의례 시 상차림이나 예법을 중하게 여긴다. 또 아침과 저
녁 등 식사시간을 중요하게 여긴다.
③ 음식의 모양보다는 조화된 맛을 중요시하였으므로 조미료, 향신료의 사용이 다양하
고 조리 시 손이 많이 간다.

5. 한국음식의 분류

한국 전통음식은 약 2,800가지이며 크게는 다음과 같이 주식류, 부식류, 조미료류 및 기
호식품으로 구분할 수 있다.

1) 주식류

350여 가지 곡류를 중심으로 되어 있고 주식류는 밥류, 죽류, 미음·응이류, 국수·수제
비류, 만두류, 떡국류 등 6가지로 분류한다.

2) 부식류

약 1,500가지로 전체 한국 음식의 약 50%를 차지하는데, 주식을 보조하며 일상 섭취하는 보조음식으로 국류(탕), 전골·찌개류, 나물·생채류, 구이류, 조림·지짐이류, 볶음·초류, 누르미·누름적, 전류, 선·찜류, 강회·무침·수란·회류, 마른반찬류, 순대·족편·편육류, 쌈류, 김치류, 장아찌류, 젓갈·식해류, 묵류, 두부류가 있다.

3) 조미료류

양념류, 향신료에 해당하며 약 150가지로 장류, 식초류, 유지류, 조미·향신료(마늘, 후추, 산초, 생강, 고추) 등을 들 수 있다.

4) 기호식품류 및 기타

전체 한국 음식의 약 25%를 차지하고 종류는 약 750여 가지가 있다. 떡류, 한과류, 엿류, 음청류(다류 포함), 주류 이외에 특수용도 음식인 궁중의례, 통과의례, 사찰의례 등에 이용되는 음식이다.

2 양념과 고명

1. 양념의 정의

양념은 먹어서 몸에 약처럼 이롭기를 바라는 마음으로 여러 가지를 고루 넣어 만든다는 뜻이다. 식사를 즐긴다는 것은 음식을 맛있게 먹는다고 할 수 있는데 먹기 위해서는 무엇보다도 맛과 향기가 조화되어야 하며, 이러한 음식을 조리하기 위해서는 조미료와 향신료가 필요하다. 한국음식에서는 조미료와 향신료를 통틀어 양념이라고 한다.

조미료는 기본적으로 짠맛, 단맛, 쓴맛, 매운맛, 신맛의 다섯 가지 기본맛을 보는 것으로, 음식에 따라 이 조미료를 적당히 혼합하여 알맞은 맛을 내는 것이다. 향신료는 자체가 지닌 좋지 않은 냄새를 없애거나 감소시키고, 또한 특유한 향기로 음식의 맛을 더욱 좋게 한다. 한국 음식의 기본 조미료에는 소금, 간장, 고추장, 된장, 식초, 설탕 등이 있으며, 향신료에는 생강, 겨자, 후추, 고추, 참기름, 들기름, 깨소금, 파, 마늘, 천초 등이 있다. 특히 우리나라 음식은 한 가지 음식에 적어도 대여섯 가지 조미료를 넣어 만들므로 다른 나라 음식들과 비교하여 보면 독특한 맛을 낸다. 양념의 중요성은 피라미드 벽에 상형문자로 기술되어 있고 또한 성경에도 여러 군데 기술되어 있다. 이처럼 고대인의 생활 속에서 양념의 중요성이 계속적으로 언급되어 있다. 과거 인간의 역사 속에서는 양념산업이 그 시대의 매우 중요한 경제요인으로 간주되었고, 양념산업의 등급을 마치 보석의 등급을 매기듯이 하였으며, 양념은 상류사회 사람들의 전유물처럼 전래되어 왔음을 볼 수 있다.

양념은 방향 식물의 다음과 같은 부위에서 채취된 것이다.

① 열매(Fruits : capsicum, black pepper, cardamon etc.)

② 씨(Seeds : aniseed, caraway, celery, coriander, cumin, fennel, mustard etc.)

③ 뿌리줄기 또는 뿌리(Rhizomes or root : ginger, turmeric etc.)

④ 잎(Leaves : bayleaves, marjoram, parsley, sage, thyme etc.)

⑤ 나무껍질(Barks : cinnamon, cassia etc.)

⑥ 꽃부분(Floral parts : saffron, cloves, caper etc.)

⑦ 구근(Bulbs : onion, garlic, shallot etc.)

1) 양념의 생리적 효과와 의학적 효과

양념은 음식의 구성 성분으로서 섭취한 이후에 이들이 체내 생리 기능에 미치는 영향은 다양하며 주요 기능은 다음과 같다.

① 침의 분비량을 증가시키며, 따라서 amylase, neuraminic acid와 hexosamines의 분비를 증가시킨다. 또한 침의 분비가 증가함으로써 음식을 섭취한 이후에 구강 내의 청결에 도움이 되고, 이로 인하여 음식 찌꺼기나 박테리아가 구강 내에 남아서 충치를 유발시키거나 구강 점막의 마찰로 인한 손상 등을 어느 정도 방지할 수 있다. 또한 amylase 함량이 높은 타액이 분비되기 때문에 고탄수화물 식사 섭취 시, 탄수화물의 소화에 도움이 되고 있다.

② 섭취된 양념은 부신피질 기능에 영향을 미쳐서 신체적, 심리적 잠재 능력을 증가시킬 수도 있다고 보고되고 있다. 그래서 신체적, 심리적 긴장에 대한 저항 능력이 증가될 수 있다.

③ 뇌일혈 발병 정도(Stroke volume)를 감소시키거나, 이의 발병 빈도와 혈압을 감소시

킨다. 그러나 이 경우에는 특별한 방법으로 양념을 섭취하여야 한다. 이러한 가능성은 심장 약화로 스트레스에 견디기 어려운 사람이나 운동선수에게 더욱 현저하게 작용한다.

④ 양념은 혈전 형성을 방지하거나, 형성되어 있는 혈전의 용혈에 영향이 있다.

2) 양념에 함유된 영양가

고추의 영양소 함량을 보면 먼저 지적해야 할 것은 카로틴 함량이다. 상당량의 비타민A가 함유되어 있고, 또한 한국인이 섭취하는 고추의 양도 상당하다. 고추는 매운맛을 주기 때문에 식욕을 자극하고, 또한 비타민A 공급원으로도 상당히 중요한 식품으로 한국인의 식사에서 빼놓을 수 없는 식품이다.

마늘, 생강, 양파와 같은 식품에 함유되어 있는 영양소는 비교적 적은 양이다. 그러므로 이들 식품을 통해서 섭취되는 영양소의 양이 문제가 되는 것이 아니라 이들이 함유하고 있는 특수 성분의 작용이 문제가 되는 것으로 지적하고 있다.

기본 맛을 내는 양념의 종류

짠 맛	소금, 간장, 된장, 고추장 등
신 맛	식초(양조초, 빙초산, 과일초), 감귤류의 즙
매운맛	고추가루, 고추장, 겨자, 후추가루, 생강
단 맛	꿀, 조청, 설탕, 엿
그 밖의 맛	파, 마늘, 참기름, 깨소금, 생강

식품의 맛은 여러 가지 요소가 복합된 것으로 과학적으로 정확하게 분류하기는 곤란하나 기본 맛을 중심으로 이루어진다. 우리나라를 비롯한 동양에서는 맛을 5요소(단맛, 신맛, 짠맛, 쓴맛, 매운맛)로 구분하여 왔으나 이것을 이론적으로 체계화한 헤닝의 4원미(단맛, 신맛, 짠맛, 쓴맛)가 세계적으로 널리 받아 들여져 왔다. 최근에는 여기에 감칠맛을 포함한 5원미설이 점차 정설로 자리를 잡아가고 있다. 이 기본 맛은 서로 복합되어 여러 가지 맛을 나타내고 어떤 맛을 더욱 강조하거나 억제시키기도 한다. 이러한 기본 맛이외에 매운맛, 떫은맛, 감칠맛 등 다양한 맛이 있다. 감칠맛(旨味, 鮮味, Umami)을 내는 조미물질로는 mono-sodium glutamate(MSG), disodium 5-inosinate(IMP), disodium 5-guanylate(GMP) 및 5-ribonucleotide natrium(IG) 등이 대표적이다.

1.1 양념의 종류

1) 조미료

(1) 소금

소금은 짠맛을 내는 기본 조미료이며 한문으로는 식염(食鹽)이라고 한다. 소금은 인류가 이용해 온 조미료 중에서 역사가 가장 오래 되었으며, 비중 역시 가장 크다.

소금의 종류는 제조 방법에 따라 호렴, 재염, 제재염, 맛소금 등으로 나눌 수 있다. 호렴은 입자가 굵어 모래알처럼 크고 색이 약간 검다. 대개 장을 담그거나 채소나 생선의 절임용으로 쓰인다. 재염은 호렴에서 불순물을 제거한 것으로 제재염보다는 거칠고 굵으며, 간장이나 채소, 생선의 절임용으로 쓰인다. 제재염은 보통 꽃소금이라 불리우는 희고 입자가 굵은 소금으로 가정에서 가장 많이 쓰인다. 식탁염은 천일염이 아니고 이온교환법에 의해 만들어진 소금으로 정제도가 아주 높고 설탕처럼 고운 입자로 되어 있다. 요즈음은 식탁염으로 죽염도 많이 사용한다. 죽염은 천일염을 대나무 속에 다져 넣고, 대나무 입구를 진흙 반죽으로 봉한 뒤 쇠가마에 쌓아 소나무 장작으로 가열하는 것을 8번 반복 처리하고, 9번째는 송진가루를 장작 위에 뿌리고 가열하면 소금이 용해되는데 이것이 식으면 죽염이 된다.

맛소금은 소금에 글루탐산나트륨 등 화학조미료 약 1%를 첨가한 것으로 식탁용으로 쓰인다. 음식에 넣는 소금의 양은 요리에 따라 다소 차이가 나는데 국은 1%, 생선요리는 2%, 생채나 무침 요리 등은 재료 무게의 3% 소금 농도가 적당하다. 그리고 김치류는 8~10%, 젓갈류는 10~15%의 염도가 적당하다.

조리 특성

소금은 다음과 같은 특성을 가지고 있다.

① 산화방지작용

② 삼투압작용

　야채나 생선에 식염을 쳐서 수분을 추출한다.

③ 효소정지작용

　사과를 갈변시키는 폴리페놀 효소작용을 방지한다. 푸른 채소를 삶을 때는 클로로필의 퇴색을 방지한다.

④ 단백질 용해작용

　1~2%의 염수는 단백질을 녹이는 작용을 하며, 소맥분을 반죽할 때에 식염을 첨가하

면 점성이 증가하고, 생선 등의 어묵 제품에서는 탄력이 증가한다.

⑤ 단백질 응고작용

5% 이상의 염수는 단백질을 응고시키는데, 계란을 가열 조리할 때에 이용하면 탄력이 생기고 토란의 미끄러운 성질도 응고시킨다.

⑥ 세포연화작용

식염수는 비점이 100℃ 이상으로 높기 때문에 야채류의 세포막을 부드럽게 삶아 낸다.

⑦ 방부효과

10% 이상의 염수는 식품 중의 수분을 탈수해서 잡균의 번식을 억제한다. 식품의 가공·보존에 적합하고 희석한 염수의 살균효과는 적다.

(2) 간장

육류 섭취가 부족했던 우리나라 식생활에서 간장은 단백질 공급원으로 우수한 조미료이다. 간장과 된장은 콩으로 만든 우리 고유의 발효식품으로 음식의 맛을 내는 중요한 조미료이다. 간장의 "간"은 소금의 짠맛을 나타내고, 된장의 "된"은 되직한 것을 뜻한다. 재래식으로는 늦가을에 흰콩을 무르게 삶고 네모지게 메주를 빚어, 따뜻한 곳에 곰팡이를 충분히 띄워서 말려 두었다가 음력 정월 이후 소금물에 넣어 장을 담근다. 충분히 장맛이 우러나면 국물만 모아 간장물로 쓰고, 건지는 모아 소금으로 간을 하여 따로 항아리에 꼭꼭 눌러서 된장으로 쓴다.

간장의 일반 성분은 장류의 종류와 지역, 제조자, 제조방식에 따라 크게 차이가 있다. 장류의 주요 구성 성분은 아미노산과 당류, 발효산물인 알코올과 유기산, 소금이며 구수한 맛, 단맛, 고유 향미, 짠맛이 묘하게 조화된 천연의 조미료이다. 간장, 된장의 맛을 좌우하는 아미노산은 영양적으로 매우 중요한 성분으로 숙성기간에 따라 큰 차이가 생긴다. 메주콩을 삶을 때 유리아미노산은 감소하나 시간의 경과에 따라 시스틴, 이소루이신, 리신, 페닐알라닌, 글라이신은 수십 배 증가한다. 비타민 함량은 미량이고 무기질 중의 철은 간장의 색깔, 풍미에 바람직하지 못한 영향을 준다.

조리 특성

① 조리효과

간장에 함유되어 있는 많은 아미노산은 식품소재의 성분과 서로 조합을 이루어 상승적으로 맛을 높이는 효과가 있다. 특히 다시마에 있는 글루타민산이나 가다랭이포에 함유되어 있는 이노신산은 간장에 의해 맛이 더욱 좋아진다. 조미간장을 발라서 장어 등을 구우면 아미노산과 당분이 화학반응을 일으켜서 멜라노이딘이라는 향기로운 화합물을 만들어 낸다.

② 냄새 제거효과

간장에는 특유한 향이 있고, 멜라노이딘 반응에 의해서 생선 비린내를 제거하는 효과가 있다.

③ 살균효과

고농도의 식염에 견디는 내염성의 유산균이나 효모에 의해 향기성분과 유기산이 만들어진다. 유기산과 고농도의 식염에 의한 삼투압, 산성 pH(4.6~4.8), 알코올 등이 관여해서 병원균이나 대장균에 대한 강한 살균력을 나타낸다. 간장에 담가서 보존하는 것은 간장의 살균효과를 이용한 것이다.

④ 약리효과

간장의 위액분비 효과를 들 수 있고, 그 외에도 유지의 산화를 방지하는 효과와 혈압 강하작용이 있는 히스타민 흡수 촉진 물질과 안티오텐신 변환 효소 저해 성분이 있다.

(3) 된장

된장은 조미료뿐만 아니라 단백질 급원식품의 역할까지도 해왔다. 재래식으로는 콩으로 메주를 쑤어서 알맞게 띄우고, 소금물에 담가 40일쯤 두었다가 소금물에 콩의 여러 성분들이 우러나면 간장을 떠내고 남은 건더기가 된장이 되었다. 이 된장은 영양분이 많이 우러나고 남은 것이라 영양분도 적고 맛도 덜하였다.

일반 성분

① 재래 된장은 개량된장에 비해 단백질이 적고, 수분, 회분, 염분이 많다. 된장은 단백질 함량이 높고 아미노산 구성도 좋으며, 소화율도 85% 이상으로 높다. 특히 쌀(보리)에서 부족되기 쉬운 필수아미노산인 리신 함량이 높아, 쌀밥을 주식으로 하는 한국인의 식생활에 단백질 보충원으로 좋은 식품이다. 지질은 필수지방산인 리놀렌산 53%, 리놀레닉산 8%가 있어, 피부병 및 혈관 질환 예방, 정상적인 성장에 중요한 역할을 한다.

② 콩의 지질은 발효되면서 리놀레닉산이 많아지는데, 이 성분은 암 예방 및 항암효과가 큰 것으로 보고된 적이 있다. 된장의 지방산은 불포화지방산이 대부분이고, 포화지방

산 및 콜레스테롤 함량이 낮으며, 리놀레닉산은 콜레스테롤 체내 축적을 방지하는 역할을 한다.

③ 된장은 곰팡이독 중 가장 우려하는 발암성이 강한 아플라톡신 오염은 일어나지 않으며, 발효 과정 중 관여한다 하더라도 여러 인자에 의해 파괴되어, 면역증가 효과 및 항암효과가 뛰어난 식품이다. 된장에 함유된 레시틴은 체내에서 유화, 완충작용을 하므로, 혈중의 콜레스테롤 침적을 막아 동맥경화를 방지한다. 또한 콩의 사포닌 성분은 용혈작용, 지방대사의 활성화 및 노화방지에 기여한다.

조리 특성

① 맛을 내는 효과

된장은 짠맛과 발효에 의한 맛이 서로 절충된 매우 강한 맛을 지니고 있다. 재료의 맛만으로는 너무 담백해서 무언가 부족할 때에 된장 맛이 잘 맞는다. 단 너무 지나치게 사용하면 맛이 느끼해진다.

② 향을 내는 효과

된장은 소량을 요리에 첨가하는 것만으로도 좋은 향기를 내게 된다. 가열하면 향기는 없어지기 쉽지만 된장구이와 같이 태워서 향기를 낼 수도 있다.

③ 냄새 제거효과

떫은맛이 나는 것, 냄새가 강한 것을 요리할 때에 사용하면 된장이 그들을 둘러싸서 부드럽게 하는 효과가 있다. 고등어 등의 생선이나 육류의 요리에 된장을 사용하는 것은 이 때문이다.

④ 보존효과

유해세균, 병원균은 대부분 염분에 약한데, 된장에 함유되어 있는 몇 %의 염분농도로도 시간이 지나면 거의 사멸되어 버린다. 염분은 효소의 작용을 억제하는 작용도 있어서, 된장에 담금으로써 보존효과가 있다. 또한 된장에는 식품에 함유되어 있는 유지의 산화를 방지하는 작용도 있다.

(4) 고추장

고추가 우리나라에 들어온 것은 임진왜란을 앞뒤로 한 무렵으로 추정된다. 고추장은 먹으면 개운하고 독특한 자극을 준다. 그 맛은 한국 음식만이 가지고 있는 고유한 맛이라고 할 수 있다. 달고 짜고 매운 세 가지 맛이 적절히 어울려서 맛을 내는 것이다. 고추장은 세계 어느 곳에서도 유사한 것을 찾아 볼 수 없는 우리만이 갖고 있는 고유한 발효식품이다. 고추장은 묵혀서 먹지 않고 매년 새로 담궈 먹는데, 남은 고추장은 장아찌용으로 쓰면 좋다.

고추장의 맛은 아밀라제(amylase)에 의해 당화되어 단맛을 내는 것이 상품이다. 콩단백질은 프로테아제(protease)에 의해 분해되어 글루타민산(glutamic acid)이 생성되고, 이는 감칠맛을 부여한다. 고추의 매운맛 성분인 알칼로이드(alkaloid) 성분의 캅사이신(capsaicin)은 매운맛을, 소금은 짠맛을 냄으로써 고추장 특유의 맛을 만든다. 향은 발효에 의해 생성된 유기산류의 향과 미량의 알코올이 내는 향, 그리고 효모생육에 의해 생성되는 향 등이 있는데, 효모 첨가 시에 향기 성분이 더 상승한다. 붉은 색소는 루테인(lutein), 캅사이신 성분이며, 햇볕에 장기간 노출할 때, 건조 시에 검붉은 색으로 변색된다.

(5) 설탕

설탕은 단맛을 내는 조미료로 가장 많이 쓰이는데, 우리나라는 고려시대에 들어왔으며, 귀해서 일반에서는 널리 쓰이지 못하였다. 예전에는 꿀과 조청이 감미료로 많이 쓰였다. 설탕은 사탕수수나 사탕무의 즙을 농축시켜 만드는데, 순도가 높을수록 단맛이 산뜻해진다. 당밀분을 많이 포함한 흑설탕과 황설탕보다 정제도가 높은 흰설탕이 단맛은 가볍다. 같은 흰설탕이라도 결정이 큰 것이 순도가 높으므로 산뜻하게 느껴진다. 단맛은 흑설탕, 황설탕, 흰설탕, 그래뉴당, 모래설탕, 얼음설탕 순으로 차츰 강하게 느낀다. 진간장이 들어가는 요리에는 필수로 들어간다.

기능

① 단맛을 부여하며, 꿀, 물엿 등이 대용으로 사용되기도 한다.
② 단백질의 열 응고 억제(푸딩, 계란구이)
③ 착색·착향 작용(캐러멜 양념구이)
④ 방부작용(설탕절임, 잼)
⑤ 유지의 산화방지(버터케이크, 쿠키)
⑥ 펙틴의 젤리 형성(잼, 마멀레이드)
⑦ 발효촉진(빵)
⑧ 전분의 노화방지(조청)
⑨ 에너지원(4kcal/g)

⑩ 요리에 끈기와 광택을 주며 음식에 단맛을 주고, 신맛과 짠맛을 약하게 한다.

(6) 꿀

옛날부터 꿀이 건강과 미용에 효과가 있다는 것은 비타민군이 특히 많고, 피부의 거칠어짐을 방지하는 효과를 기대할 수 있기 때문이다.

천연 감미료로 인류가 오래전부터 이용해 온 것이 꿀이었다. 중국에서는 먼 옛날부터 꿀을 강장식품으로 이용해 왔고, 강정이나 강장용 환약을 만들 때는 반드시 꿀을 사용해왔다. 꿀은 과자, 음료, 화장품의 제조에 사용해 왔으며, 설탕보다 흡수효과가 뛰어나서 피로회복에 좋다.

우리나라에서 꿀은 널리 식용과 양약으로 이용되어 왔으며 유밀과가 고려조에 성행했다. 꿀은 벌이 꽃의 꽃샘에서 화밀을 채집해서 겨울철의 먹이로 저장해 둔 것이다. 처음 꽃에서 수집한 것은 주로 설탕 성분이지만, 벌의 소화 효소로 성분이 바뀐 것이 꿀이다. 꿀은 꽃철에 따라 뜨게 되는데, 아카시아꿀, 싸리꿀, 유채꿀, 밤꿀, 메밀꿀 등 종류가 많다. 종류에 따라 색깔과 맛이 제각기 다르며, 밤꿀은 쓴맛이 돌고 색깔이 검다. 꿀의 성분은 밀원에 따라 약간의 차이가 있기는 하나 대체로 당질이 78% 가량이며 그 중 과당 47%, 포도당 37% 정도로 되어 있어 소화성이 좋고 흡수가 잘된다. 수분이 17%, 0.2% 단백질과 무기질이 있으며, 비타민, 개미산, 유산, 사과산, 색소, 방향물질, 고무질, 왁스, 화분 등이 들어 있다. 그래서 설탕이나 단순한 포도당 등과는 성분이나 성질이 다르다. 비타민류로는 비타민 B_1, B_2, B_6, 엽산, 판토텐산, 나이아신, 비타민C 등이 있고, 무기질로는 칼슘, 철분, 구리, 망간, 인, 유황, 칼륨, 염소, 나트륨, 규소, 마그네슘 등이 함유되어 있다.

(7) 조청

조청은 곡류를 엿기름으로 당화시켜 오래 고아서 걸쭉하게 만든 묽은 엿으로, 누런색이 나고 독특한 엿의 향이 남아 있다. 따라서 한과류와 밑반찬용의 조림에 많이 쓰인다. 한편 엿은 조청을 더 오래 고아 되직한 것을 식히면 딱딱하게 굳는다. 엿은 간식이나 기호품으로 즐기기도 하지만 음식에서는 조미료로써 단맛을 내면서 윤기도 낸다.

(8) 식초

식초는 음식의 신맛을 내는 조미료이며 그 종류에는 양조식초와 합성식초가 있으며 양조식초는 포도주 식초, 엿기름 식초, 능금 식초와 같이 곡물이나 과실을 원료로 하여 발효시켜 만든 것으로 향기와 단맛·신맛이 부드러우며 합성식초는 빙초산을 3~5%로 물에 타서 만든 것으로 신맛이 자극적이고 단맛과 향기는 거의 없다. 식초는 음식의 풍미를 더하여 식욕을 증진시키고 상쾌함을 주며, 음식 전체의 색을 선명하게 해 주고, 생선의 비린내를 없애준다. 그리고 염분을 중화시켜 적당한 맛을 주며, 방부작용을 하는 역할을 한다.

식초가 꼭 들어가는 요리를 들면 다음과 같다.

- 생채 및 겨자채
- 초간장 및 초고추장·겨자초장
- 장아찌류
- 우엉·감자·연근의 갈변을 방지하기 위해 식초물에 담근다.
- 생선에 식초를 넣어두면 생선살의 질감을 좋게 하고 부드러운 맛을 준다.

2) 향신료

(1) 생강

생강은 진저론(zingeron), 쇼가올(shogaol), 진저롤(gingerol)이 있어 먼 옛날부터 열대 아시아에서 재배되어 왔는데, 인도가 원산지로 추정되고 있다. 향신료로 사용되어 온 역사도 오래되었으며 비대한 뿌리줄기를 이용한다. 생강은 쓴맛과 매운맛을 내며 강한 향을 가지고 있어, 어패류나 육류의 비린내를 없애 주고 연하게 하는 작용을 한다. 생선이나 육류로 익힌 음식을 조리할 때는 생강을 처음부터 넣는 것보다 재료가 어느 정도 익은 후에 넣는 것이 효과적이다. 생강은 음식에 따라 강판에 갈아서 즙만 넣기도 하고, 곱게 다지거나 채로 썰거나 얇게 저며 사용한다. 생강은 주로 알이 굵고 껍질에 주름이 없는 것이 싱싱한 것이다. 생강은 식욕을 증진시키고 몸을 따뜻하게 하는 작용이 있어, 한약 재료로도 많이 쓰인다. 음식에 생강을 넣으면 보다 좋은 맛으로 달라질 뿐, 제 맛을 손상하는 법이 없다. 생강은 양념뿐 아니라 음료인 각종 탕에도 안 들어가는 곳이 없으며 약, 과자, 술, 차에 이용된다.

(2) 고추

고추에는 카로티노이드와 비타민C 외에 여러 가지 특수 성분이 다양하게 함유되어 있다. 잘 알려진 캡사이신은 살균 및 정균작용이 있고, 타액이나 위액의 분비를 촉진시켜 소화작용을 높인다. 또한 체내 각종 대사를 항진하는 작용도 있다. 고추와 후추는 매운맛을 내는 향신료이며, 한국 같은 발효 음식문화권에서는 고추를, 유럽에서는 후추를 많이 사용하고 있다. 고추가 한국의 발효문화에 조화되어 김치를 만들어 낸 것은 17세기 후반으로 이미 그 무렵에 산에서 나는 산초를 넣어 김치를 담가 먹었다는 기록이 있다. 고추는 실고추, 고춧가루, 고추장, 김치용으로 우리나라에서 널리 이용되고 있다.

고추에는 매운맛이 강한 영양고추, 풍각고추, 새고추들과 채소용으로 매운맛이 없는 피망까지 여러 가지로 변하는 관상, 화초용 등 품종이 매우 다양하다. 마른 고추는 비타민A가 특히 많은데, 이것은 비타민A의 모체인 카로틴이라는 형태로 들어 있다. 비타민C의 함량이 많은 것이 특징이라고 할 수 있다.

고추의 빨간 빛깔은 캅산틴(capsanthin)이라는 성분이고 매운맛은 캅사이신이라는 성분인데 0.2~0.4%밖에 안 되는 데도 매운맛을 강하게 나타낸다. 고추 속에 있는 매운 부분은 태좌라는 부분이고, 다듬을 때 그것을 버려서는 안 된다.

고추를 선택할 때 중요한 것은 허옇게 희나리가 없는 것, 껍질이 두껍고 씨가 없는 것, 꼭지가 단단하게 붙은 것, 반으로 갈라 보아 곰팡이가 슬지 않은 것이 좋다. 줄이 있는 것은 맵지 않고, 끝이 뾰족한 것보다는 둥근 것이 과피가 두껍고 연하다.

용도에 따라 고추는 잘 선택해서 써야 한다. 빻는 정도도 용도에 따라 다르다. 김치에 쓰는 것은 좀 굵어도 되지만, 고추장거리는 가루가 고와야 한다. 고추는 젓갈의 맛과도 썩 잘 어울린다. 그래서 멸치젓, 갈치젓을 많이 넣어 담그는 경상도식 김치에는 고춧가루를 많이 써야 제 맛이 난다. 매운 고추와 가루가 많이 나는 고추를 반반씩 섞어서 구입하고, 씨도 대강 빼서 함께 가루를 낸다. 또 보통음식에 쓸 것이라면 삼분의 일은 덜 매운 고추와 삼분의 이는 매운 고추를 가루내어 사용한다.

(3) 파

고대 중국 문헌인 예기에 고기회를 먹을 때 봄에는 파와 더불어 먹고, 가을에는 갓과 더불어 먹는다고 했다. 파가 생선에 기생하는 독을 해독시킨다는 사실을 체험으로 터득하고 있었음이다. 생선찌개나 생선회에 파가 필수인 것은, 파에 냄새나 비린 맛을 중화하는 효과와 해독효과가 있기 때문이다. 우리나라에 들어온 파는 김치라는 고유문화에 동화되어, 파김치가 생겼다. 파는 우리 식생활에 깊게 뿌리 박혀 있을 뿐만 아니라, 그 영양 가치도 높이 평가되어 각지에서 재배되고 있다. 또 고기와 생선 등의 좋지 못한 냄새를 없애주는데 큰 구실을 한다. 파는 자극성 냄새와 독특한 맛으로 향신료 중에서 가장 많이 쓰인다. 파의 종류에는 굵은 파, 실파, 쪽파, 세파 등 여러 가지가 있고, 많이 나는 시기 역시 각각 다르다. 여름철에는 가늘고 푸른 부분이 많은 파가 많고, 겨울철에는 굵고 흰 부분이 많으며, 세파는 여름철에 나온다. 파의 흰 부분은 다지거나 채를 썰어 양념으로 쓰는 것이 적당하고, 파란 부분은 채 또는 크게 썰어 찌개나 국에 넣는다. 고명으로는 가늘게 채로 썰어 쓰도록 한다. 파의 매운맛을 내는 물질을 가열하면 향미 성분이 부드러워지고 단맛이 강해진다.

(4) 마늘

마늘은 백합과의 과속에 속하는 인경(비늘줄기)채소이고 영어로 garlic, 한자로 대산(大蒜), 호산(葫蒜)이라 하고, 향이 강한 작은 구근이 모여 모양이 만들어져 있다. 마늘은 원산지가 서아시아이고, 시베리아와 그리스의 사막에 자생하던 식물인데 세계 곳곳에 널리 퍼졌다고 한다. 요컨대 마늘은 유목민족이 이동함에 따라 소아시아를 거쳐 이집트, 인도, 동아시아, 서유럽으로 건너갔다는 것이다. 마늘은 우리나라뿐만 아니라 세계적으로도 식생활에서, 또 의학적인 면이나 신화적인 면, 종교적인 면에서 중요한 위치를 차지했던 기록을 많이 찾을 수 있다. 우리나라는 단군신화에 마늘이 등장한다.

마늘은 세계의 자연 식품 중 세 번째로 영양가가 높다. 마늘은 혈중 콜레스테롤이나 혈중 중성 지방질의 농도를 저하시킨다고 알려져 있다. 이는 마늘 중의 알리신 성분과 관련 효소의 작용에 의한 것으로, 콜레스테롤 외에 여러 가지 지방질의 생합성을 방해하기 때문이라고 해석되고 있다. 또한 마늘은 혈액 중의 피브리노겐(fibrinogen) 수준을 낮추고 혈액 응고 시간을 길게 하여, 피가 엉겨 있는 혈전(血栓)의 용해 능력을 높인다는 사실이 역학조사에서 밝혀지고 있다. 이러한 특성은 결국 동맥경화증이나 순환기 계통 질병 예방의 중요한 기능이 된다. 또 마늘의 알리신은 살균작용과 함께 장을 깨끗이 하는 작용이 있으며, 티아민(thiamin)에 의하여 알리티아민(allithiamin)이 되어서 비타민B$_1$의 체내 흡수율을 높여주게 된다. 또한 마늘은 옛 부터 이질과 설사, 풍치와 충치, 구충, 이뇨, 변비, 고혈압, 폐결핵 등의 예방이나 치료를 위하여 복용했다고 널리 알려져 있다.

(5) 후추

후추의 원산지는 인도이고, 수입품이기 때문에 값비싼 향신료였다. 우리나라에서는 1700년 초엽까지도 옛 문헌에는 김치를 담그는 데는 후추, 산초, 겨자, 마늘 등을 사용하였다. 후추는 맵고 향기로운 특이한 풍미가 있어서 조미료나 향신료, 구풍제, 건위제 등에 널리 사용되고 있다. 후추에는 크게 검은 후추와 흰 후추가 있다. 검은 후추는 덜 익은 열매를 뜨거운 물에 담근 후 말린 것이고, 흰 후추는 다 익은 후추를 발효시켜서 과피를 제거해서 만든 것이다. 검은 후추는 흰 후추보다 녹말이 적고 지방, 회분, 휘발성유가 많으며 향기가 더 세다. 함유질소의 80~85%는 단백태질소이고, 나머지는 매운 성분의 질소로 그 성분은 샤비신이다. 흰 후추의 고급품은 성숙한 열매를 자루에 넣고, 소금물 석회수 또는 흐르는 물속에 7~10일간 담근 후 마찰해서 과피를 제거한 건조품이다.

검은 후춧가루는 생선조림, 고기 조림 및 육류와 어패류로 만든 맑은 국에 먹기 직전에 식탁에서 후추를 쳐서 먹는다. 또 육류찜, 생선찜, 생선전 및 육류, 어패류로 만드는 모든 음식에 넣는다. 흰 후춧가루는 검은 후추보다 매운맛은 약하고 향기가 강한데 검은 후춧가루와 같은 용도로 이용한다. 음식에서 흰색이 어울리고, 향이 강하게 필요한 음식, 예를 들어 생선전·백숙·조기국·준치국·북어국 같은 음식에 많이 이용된다.

후추는 향신료뿐만 아니라 방부의 효과도 아울러 가지고 있기 때문에 햄과 소시지 등의 가공품에도 0.2~0.5%가 사용된다.

(6) 겨자

겨자과에 속하는 일년 또는 이년초이다. 겨자는 몹시 작아서 작은 것에 자주 인용되는데, 황갈색의 맵고 향기로운 맛이 있어 양념과 약재로 쓰이고 있다. 서양종에는 흑겨자와 백겨자가 있고 동양종에는 백겨자가 있다. 서양종은 유지의 채취와 보존성을 향상시키고, 유지를 약 50% 탈지해서 가루를 내어 쓰고 있다. 동양종은 겨자씨를 천일 건조해서 거칠게 빻아 체질해서 쓰기 때문에 향기와 매운맛이 차차 약해지지만, 서양종은 오래 보관할 수 있다. 겨자의 매운 성분 중 가장 중요한 것은 알킬이소시아네이트(alkylisocyanate)라는 물질이다. 이 성분은 겨자씨 안에 들어 있는 시니그린 성분과 시날빈과 같은 유황 배당체에 미로시나아제(myrosinase)라는 효소가 작용해서 만들어지는 것이다. 시날빈의 경우는 매운맛이 약하기 때문에 대개 흑겨자와 백겨자를 섞어서 쓴다. 겨자가루에 40℃ 정도의 미지근한 물을 넣고 개면, 효소가 작용해서 휘발성인 아릴겨자유가 유리되어 겨자 특유의 향기와 맛이 생기게 된다. 따라서 배당체와 그것을 분리하는 효소가 잘 접촉되도록 빨리 개야 한다. 갤 때 술과 식초를 조금 섞으면 보존성이 좋아진다. 겨자의 성분으로는 22% 탄수화물과 5% 단백질이 들어있는데, 비타민B$_1$이 0.7mg, 비타민B$_2$가 0.15mg 들어 있다. 반죽된 겨자는 맵고 향기로워 육류의 냄새를 없애 주는 역할을 한다. 비프스테이크나 생선회 등에 겨자가 이용되는 이유가 바로 이런 것이다. 식품가공을 할 때 카레가루의 원료에 매운맛을 있게 하기 위하여 겨자를 사용한다. 또한 산규(고추냉이, wasabi)가루에 가하여 매운맛을 보충하고 마요네즈 및 각종 드레싱에도 사용되고 있다. 배추, 무, 움파, 도라지, 편육, 돼지고기, 전복, 해삼, 배, 밤 등을 잘게 썰어 뒤에 초, 꿀, 소금, 깨소금 등의 양념을 하고, 겨자와 버무려 만든 겨자선은 술안주로 좋을 뿐 아니라, 입맛을 잃었을 때 구미를 돋우기도 하는 식품이다. 특히 겨자는 몸이 찬 사람에게 좋은 식품이다.

(7) 산초

산초나무는 열매와 잎이 독특한 향과 매운맛을 내며, 추어탕에 산초가 양념으로 빠지면 칼칼한 맛이 없어 제 맛을 찾기 어려울 것이다. 식품의 재료가 좋지 않거나 고약한 비린내가 나면 없애 주기도 하며, 식욕증진 효과도 갖고 있는 것이 향신료이다. 향신료를 가장 많이 쓰는 것으로 알려져 있는 중국요리에도 많이 쓰인다. 오향이라는 혼합 향신료는 산초, 회양, 계피, 정향, 진파의 다섯 가지를 혼합한 것이다. 산초나무는 귤과 마찬가지로 운향과에 속하는 낙엽 활엽의 관목으로 한방에서는 건조한 과실을 산초, 과피는 천초라 하며 위장약에 써왔고, 목재로는 지팡이를 만들기도 했다. 한국 각지와 중국, 일본 지역에 분포하며, 산초잎과 어린 열매는 그대로 이용하여 익은 열매는 가루를 내어 쓰기도 한다. 상쾌한 향기와 매운맛이 독특하다. 산초의 매운맛은 사시올이라는 성분 때문이며, 한방에서 과피는 말려서 쓴다. 향신료란 내장 기능을 자극해서 식욕 증진을 꾀할 목적으로 쓰는 것으로, 산초는 일종의 내장 자극제이며 정장약으로도 이용된다. 매운 성분의 산시올은 국부 마취 작용이 강하고 살충효과가 있어, 벌레와 생선의 독을 제거하기도 한다. 산초에는 강장작용도 있으므로 과실주로도 이용이 가능하다. 특히 요즘은 사찰이나 특별한 음식에만 쓰이고 일반적으로는 널리 쓰여지지 않으나, 고추가 전래되기 이전에는 김치나 그 외의 음식에 매운맛을 내는 조미료로 쓰여진 기록이 많이 남아 있다.

(8) 계피

계수나무의 껍질을 말린 것으로 두껍고 큰 것은 육계라 하며, 작은 나뭇가지를 계지라 한다. 겉은 회갈색으로 방향과 약간의 감미가 있다. 주성분은 알데히드(aldehyde)에 속하는데, 계피유, 녹말, 점액, 수지 등을 함유하며 향수·향료의 원료가 되기도 하고, 주로 과자, 음료, 소스, 케첩 등에 사용한다. 육계는 계핏가루로 만들어서 떡류나 한과류 숙실과 등에 많이 쓰인다. 통계피와 계지는 물을 붓고 달여서 수정과의 국물이나 계피차로 쓴다.

(9) 참기름

참기름은 우리나라 음식에 가장 널리 쓰이고 있는 음식으로 참깨를 볶아서 짠다. 우리의 음식 중 고소한 향과 맛을 내는 데 쓰이고, 특히 나물 무칠 때와 약과, 약식 등을 만들 때에 쓰인다. 참기름은 불포화지방산이 많고 발연점이 낮아 튀김기름으로 쓰이지 않으며, 나물은 물론 고기 양념 등 향을 내기 위해 거의 모든 음식에 쓰인다. 한국 음식이 다른 나라 음식과 맛에서 가장 차이가 나는 것은 참기름, 깨소금, 마늘, 고춧가루의 사용량이 크게 다르기 때문이다. 가정에서 가장 많이 사용한 기름으로 동물성 지방에 비해 매우 안전해서 오랫동안 변하지 않고 두고 먹을 수 있는 장점이 있다. 기름이 변하는 것을 '산패'라고 하는데, 동물성 기름에 비해 참기름이 잘 산패되지 않는 이유는 기름의 산화를 막아 주는 비타민E와 세사몰(sesamol)이 들어 있기 때문이다. 이들 성분은 기름을 덜 정제했을 때 많이 섞이게 되는 것으로, 참깨는 볶아서 기름을 짜야만 고소한 향미가 난다. 참기름은 영하 6℃에서 굳으며, 요오드가가 110 가량인 것은 반건성유로 튀김이나 조리용에 알맞은 성질을 가지고 있다. 참기름을 구성하고 있는 지방산은 올레인산, 리놀산, 아라키돈산 등이다. 참기름은 무침 같은 나물요리에는 필수로 넣으며 가열요리에는 마지막에 넣어야 향을 살릴 수 있다. 고기나 생선으로 포를 떠서 말릴 때 양념으로 참기름을 넣으면 건조 과정에서 유지의 산패가 일어나 좋지 않은 냄새가 난다. 따라서 이럴 때에는 먹기 직전에 기름을 발라 구워 먹는다.

(10) 들기름

들깨는 우리나라, 중국, 일본, 이집트 등지에서 재배되어 왔으며, 그 기름은 주로 등유로 쓰고 있다. 온돌장판 콩댐은 들기름을 이용한 것이고, 그밖에 들깨는 식용이나 페인트 인쇄용 잉크의 원료로 사용되며, 깻묵은 사료나 비료로 쓴다. 학명으로 임, 소마, 소자로도 불리 우는 들깨는 꿀풀과에 속하는 일년생 초본으로 옛날에는 구황식품으로 이용해 왔다. 들깻잎은 장아찌나 쌈으로 많이 애용되고 있으며, 영양가가 매우 우수할 뿐만 아니라 독특한 향미가 있어, 그 개운한 맛을 좋아하는 사람들이 많다. 또한 비타민이 골고루 들어 있기 때문에 여름철에는 체력이 떨어질 때 기운을 내주는 역할을 하는 우수한 식품으로 떨어진 입맛을 돌우어 주기도 한다. 들기름은 공기 중에 놓아두면 산화되어서 쉽게 굳어 버리므로 건성류라고 한다. 그래서 들기름은 착유 후 곧 먹는 것이 좋으며 오래 두는 것은 좋지 않다. 들기름은 들깨를 볶아서 짠 것으로, 참기름과는 다른 고소하고 독특한 냄새가 누구나 좋아하는 향이 아니라서 널리 쓰이지는 않으나, 김에 발라 굽거나 나물에 넣어 먹는다. 또한 들깨는 기름으로 짜서 쓰는 것 외에 들깨를 갈아서 즙을 만들어, 나물을 무치거나 냉국과 된장국에 넣기도 한다.

(11) 콩기름

대두의 종자로 만들어지며 세계에서 가장 생산량이 많고, 평지유, 옥수수유 등의 다른 기름과 조합되어서 샐러드유, 튀김유로 사용되고 마가린, 쇼트닝에도 이용되고 있다.

전유어나 부침, 볶음 등 일반적으로 가장 많이 쓰이는 기름으로, 무색무취의 투명한 것이 좋다. 콩기름의 주원료가 되는 콩은 예로부터 밭에서 나는 고기라 불리울 정도로 단백질과 지방이 풍부한 식품으로, 콩에 들어 있는 단백질의 양은 농작물 중에서 최고이며, 구성 아미노산의 종류도 육류에 비해 뒤지지 않는다. 콩기름 중에는 비타민E가 100mg 가량이나 들어 있어 미용과 노화방지의 효과가 있다. 한편 콩에 들어 있는 단백질로 만든 인조육과 두유, 콩가루 등의 제조와 소비가 점차 늘어가고 있다. 콩에는 비타민B군이 특히 많고 비타민A와 D도 들어 있으나, 비타민C만은 거의 없다. 따라서 콩은 날것으로 먹으면 거의 소화가 안 되며, 익혀 먹어도 65% 정도 소화된다. 그러나 가공한 된장은 80% 이상, 두부는 95% 가량이 소화된다.

(12) 깨소금

깨소금은 참깨에 소금을 조금 부어 비벼 씻어서 물기를 빼서 볶은 후, 소금을 약간 넣어 반쯤 부서지게 빻는다. 실깨는 겉껍질이 말끔히 없도록 깨끗하게 씻어 볶는 것이다. 잘 여문 깨를 볶을 때는 팬이나 두꺼운 냄비에 나무 주걱으로 저으면서 볶는다. 깨알이 익어서 통통하게 되고 손끝으로 비벼서 으깨질 수 있는 정도로 볶는 것이 알맞고 지나치게 볶아 색이 검으면 음식에 넣었을 때 품위가 없다. 볶아서 오래 두면 습기가 스며들어 눅고 향이 없어지므로 되도록 조금씩 볶아서 뚜껑을 꼭 막아 두고 쓰도록 한다.

1.2 세계 조미 향신료의 역사

1) 미대륙

미대륙은 고추 및 토마토 문화권이다. 고추와 토마토는 15세기부터 온 세계에 전파되었고, 특히 고추 없는 한국 음식의 맛, 토마토소스 없는 이탈리아 음식의 맛은 생각할 수 없게 되었다. 그리하여 고추와 인도의 후추는 온 세계에 퍼졌으나, 동아시아 본래의 향신료인 천초는 온 세계에 퍼지지 못하여 동아시아 속에 머물게 되었다.

2) 태평양

태평양은 코코야자권이고 코코야자의 열매 속에 코프라(copra)란 흰 배유층이 있고, 이 것을 깎아 내어서 물로 혼합한 코코넛 밀크가 여러 조리에 쓰인다.

3) 아프리카

아프리카의 사바나(열대, 아열대의 대초원)지대는 유료식물권(油料植物圈)이고 아프리 카의 농경문화권에는 향신료가 거의 없고 개발되지 않았다. 그러나 유지를 많이 품고 있는 몇몇 식물이 개발되었는데, 그 대표적인 것이 참깨이다. 식용유는 음식에 중후한 맛을 주 고 향기를 주는 것으로 조미(調味)에 없어서는 안 되는 것이다.

4) 유럽

중세 유럽 영주들의 조리는 지금보다 후추(胡椒)를 비롯한 많은 향신료를 쓰고 있었다. 그들에게는 향신료의 종류나 양이 많을수록 조리의 격이 높아진다는 관념이 있었던 것이 다. 향신료는 본래 열대 아시아의 산물이므로 이것의 입수에 많은 돈이 필요하여 유럽의 민족들은 지중해의 허브(herb) 날잎을 쓰는 조리(salad)를 개발하고 이것이 크게 발달하였 다. 따라서 향신료의 사용량이 적어지고 여러 가지 종류의 것을 섞어서 쓰는 일도 적어졌 다. 그렇다고 하여 유럽에서 향신료의 중요성이 변화한 것은 아니다. 그리하여 허브·스파 이스(spice)권을 형성하였다. 그리고 유럽에서는 향신료·허브와 더불어 남부에서는 올리 브유가 많이 쓰이고 북부에서는 버터를 흔히 쓴다.

5) 아랍

북아프리카에서 서아시아에 걸치는 지역으로서, 이곳은 옛 부터 열대 향신료를 교역하 는 중심부를 차지하고, 후추, 정향, 생강 등 강렬한 향신료를 대량 사용하였으며, 다른 지 역에서 사용하지 않는 모, 향도 사용하고 있다. 또한 마늘과 양파도 이 지역이 원산지이 다. 따라서 이 지역에서는 강렬한 향신료에 의하여 원래의 맛을 없애 주는 특징이 있다.

6) 인도

인도는 혼합 스파이스권이고 조리에 맞추어 여러 향신료의 혼합물을 만들어 쓰는 것이 조리의 기본으로 되어 있다. 혼합 향신료의 대표적인 것은 카레가루이다. 이것은 처음부터 인도에 있었던 것이 아니고, 인도에 와 있었던 영국인들이 본국에 들어가서 인도 생활을

회고(回顧)하면서 여러 가지 향신료를 혼합 조미하여 영국식으로 카레가루를 만든 것이 그 시초라 한다. 또, 인도물소의 젖으로 만든 기이(ghee)라는 유지를 널리 쓰고 있다. 인도에는 육식을 하지 않는 채식주의자가 많다. 채소를 소금만으로 조리하면 짜기만 하지만 기이(ghee)를 섞어 주면 짠맛이 부드러워진다. 따라서 인도에서는 기이(ghee)가 특징적인 조미료로 발달한 것이다.

7) 동남아시아

동남아시아는 어장문화권(魚醬文化圈)이고 제철에 엄청나게 많이 잡힌 물고기나 새우의 저장을 위하여 소금을 섞어 발효시켜 젓갈을 만들고 필리핀, 타이, 베트남 등지에서는 젓갈의 국물을 모든 조리의 조미료로 널리 쓰고 있다. 그런데 말레이시아 반도나 인도네시아에 걸치는 지역에서는 새우젓갈을 건조시켜 반고체 상태로 만들어 이용하고 있다.

8) 동아시아

고대 중국에서는 고기와 물고기에 누룩과 소금을 섞어 부패를 막아 가면서 발효(醱酵)시킨 해(醢), 이른바 육장(肉醬), 어장(魚醬)이 있었으나, 이들이 우리 조상인 동이계(東夷系)가 개발한 두장(豆醬)에 밀려서 동아시아는 마침내 두장문화권을 형성하게 되었다.

9) 세계 속의 한국 조미 향신료

세계 속의 조미 향신료의 분포를 살펴볼 때 우리나라는 전통의 두장문화권에 다같이 우마미(Umami)를 가지는 어장(魚醬)을 받아들였고 특히 김치에 젓갈을 많이 쓰고 있다. 또 신대륙의 고추, 아프리카의 참깨, 아랍의 후추·마늘 등의 강력 향신료, 김치 등에서 볼 수 있는 인도식 혼합 향신료 등의 여러 문화가 혼연일체(渾然一體)가 된 것임을 알 수 있다.

"日本沈"으로 유명한 일본추리작가 小松左京는, 한국요리는 동아시아 속에서 중국요리에 흡수되는 것이 아니고 독자적인 식문화의 체계를 가진 유일한 것이라고 하였다.

고추는 가지과(Solanacea)의 열대성 식물로서 고추속(Capsicum)에 속한다. 고추속은 약 20종이 있는데, 이들은 모두 미대륙에 자생하고 그 가운데서 4종이 재배종이며 그 밖의 것은 야생종이다. 야생종의 대부분은 열매가 콩알만큼 작고 매우 맵다. 그리고 직립(直立)·상향(上向)이며 성숙하면 저절로 떨어진다.

고추의 성숙한 붉은색 열매를 이용할 때는 붉은 고추(red pepper), 미숙과를 채소로 이용할 때는 푸른 고추(green pepper)라 하고, 품종상으로 신미종(辛味種)은 매운 고추(hot pepper), 감미료(甘味料)는 단맛 고추(sweet pepper)라 한다. 그리고 고추는 녹말성 식품의 단조로움과 단백질성 식품으로, 향기가 있는 야수육(野獸肉)에 의존하는 중남미의 주민들로서는 없어서는 안 될 식물이었다.

1400년대 유럽에서는 후추에 대한 욕구가 가히 집념적이었다. 콜럼버스는 지구가 둥글다는 것을 믿고 후추를 찾아 서쪽으로 계속 항해하다가 미대륙을 발견하고, 멕시코의 원주민이 "아기"란 매우 매운 향신료를 먹고 있음을 보았다. 그가 스페인에 가져온 미대륙의 고추는 후추처럼 열대지방에서만 재배된다는 제약 없이 어디에나 씨만 뿌리면 쉽게 재배될 수 있으므로, 빠른 시일에 온 세계에 퍼져 나갔다.

유럽에 들어온 고추는 불과 50년에 인도에서도 재배되었고 온 세계의 온대지방까지 널리 퍼지게 된 것은 16~17세기 중엽에 걸치는 기간이었다. 이들 고추는 제각기 풍토에 따라 심하게 변종화가 진행되었다.

고추가 우리나라에 들어온 경로와 연대를 살펴보면, 1613년의 "지봉유설"에 의하면 고추는 일본에서 온 것이니 '왜개자(倭芥子)'라 하는데 이것을 요즘 간혹 심고 있다. 그리고 주가(酒家)에서 소주에 섞어서 판다'고 하였다. 1613년의 책에 요즘 간혹 심는다고 하였으니 그 전에 이미 들어왔던 것 같다. "조선개화사(朝鮮開化史)"에 의하면 임진왜란 때 우리 민족을 독살하기 위해서 가져왔으나 오히려 우리 민족의 체질에 맞아 즐겨 먹게 되었다.

2. 고 명

2.1 고명의 의의

고명은 웃기 또는 꾸미라고도 하고 음식을 아름답게 꾸며 돋보이게 하고 식욕을 촉진시켜 주며, 음식을 품위 있게 해준다. 맛보다는 장식을 주목적으로 하며 음식 위에 뿌리거나 얹는 것이다. 고명과 양념의 다른 점은 양념은 맛을 내지만 고명은 맛과는 아무 상관이 없는 것이다. 한국 음식은 겉치레보다는 맛에 중점을 두고 있기는 하나, 맛을 좌우하는 양념과 시각을 아름답게 하는 고명은 음식에 있어서 두 가지의 중요한 역할을 하고 있다. 한국의 고명 다섯 색채는 우주공간을 상징할 때 사용하는 5방색인 동(푸른색), 서(흰색), 남(붉은색), 북(검은색), 중앙(노란색)과 일치하며 시간을 상징하는 봄, 여름, 가을, 겨울과 변화를 일으키는 중심도 다섯 가지 색으로 나타내므로 한국음식의 고명체계는 우주론적인 체계와 상동하다고 할 수 있다. 따라서 고명은 음양오행의 전통문화를 공유한 한국음식의 독창적인 형태라고 할 수 있다.

2.2 식생활에 나타난 음양오행의 색

식생활에서는 음양의 원리에 따라 나쁜 것을 물리치는 양의 색, 즉 벽사의 색으로 붉은 색을 상용한 것이 가장 일반적으로 볼 수 있는 현상이다. 이때 벽사의 의미로 사용되는 재료로는 고추, 팥, 대추, 수수 등이 사용된다. 또한 잔칫상에 올리는 국수는 대개 장수를 기원하는 뜻을 담고 있는데, 이 국수 위에 오색으로 된 고명을 얹어 오행에 순응하는 기복의 의미를 더하였다. 여기서 고명에 사용되는 다섯 가지 색의 재료의 경우 청색에는 미나리, 실파, 쑥갓, 오이, 적색에는 실고추, 다홍고추, 당근, 황색에는 달걀노른자, 흰색에는 달걀 흰자, 흑색에는 쇠고기, 목이버섯, 표고버섯 등이 여기 해당된다. 조정과 사대부가 그리고 민간인들에게 있어서도 관혼상제 등과 같이 의례나 제도와 관련된 부분에서는 음양의 조화가 오행의 상생에 적합한 색의 사용이 제도화, 관례화되어 있었다.

오행소속 일람표

오행	방위	색	계절	오상	오장	오관	맛	음
목(木)	동	청	봄	仁	간장	눈	신맛	각
화(火)	남	적	여름	禮	심장	혀	쓴맛	치
토(土)	중앙	황	4계절	信	비장	몸	단맛	궁
금(金)	서	백	가을	義	폐장	코	매운맛	상
수(水)	북	흑	겨울	智	신장	귀	짠맛	우

3 한국음식의 식재료

1. 채소류

1) 고구마

원산지가 남미이고 식량부족 시에는 쌀 대용으로 구황작물로 재배되어 왔다. 선화과에 속하는 고구마를 감저(甘藷)라고도 한다. 주성분은 전분이고 단맛은 서당, 포도당, 과당이 있기 때문이다. 저장 중에 전분이 변화하여 당분으로 증가하므로 단맛은 한층 더해진다. 고구마에는 섬유소가 많으므로 소화기관의 운동을 자극하여 변통을 도와주기는 하지만 양이 지나치면 장내 발효로 가스가 발생하기 쉽다.

고구마는 알칼리성 식품으로 칼슘이 많고 칼슘, 인, 마그네슘이 들어 있다. 또한 철분도 많으며, 먹는 방법에 따라 소화에 차이가 있다. 위산과다증인 사람에겐 날고구마가 적합하며 소화불량증인 경우에는 군고구마가 적당하고 분식을 좋아하는 경우에는 삶아 먹는 방법이 좋다. 고구마를 이용한 조리법은 엿, 과자, 당면, 포도당, 초, 간장, 된장, 빵을 만드는 데 이용된다.

2) 고사리

고사리과에 속한 다년생 풀로 우리나라와 일본, 대만 등에 자생되는 식물로 봄철이 되면 싹이 돋고 어린 순을 뜯어 삶아 말려서 식용으로 이용된다.

고사리에는 비타민A, 비타민B$_2$, 칼슘이 많아 혈액의 산성화를 방지하며 석회질이 많아 치아를 튼튼하게 해 준다. 여름철에 더위 먹는 것을 예방해 주고, 동맥경화, 중풍예방에 좋다. 고사리뿌리에서 얻은 전분가루는 전을 부치거나 떡을 해 먹고 고사리나물, 고사리국을 먹으면 별미이다.

3) 가지

인도가 원산지이고 중국을 거쳐 우리나라에 도입되었고 세계 각지에 150여 종이 분포한다. 우리나라에는 농흑자색이 재배되며 햇볕을 충분히 받은 것이 빛깔이 좋다.

성분은 당질 45%, 무기질, 비타민이 비교적 적고 영양가가 가장 낮다. 가지의 색에는 안토시안계의 나스신과 히아신이 주성분인데 이들은 델피니딘과 포도당이 결합한 배당체이다. 또한 가지는 신경통의 자극을 완화시키는 것으로 나타났고, 동맥 손상을 감소시켜 준다. "본초서"에는 '가지는 성질이 하고 맛은 달며 독이 없으므로 노랑의 노기와 한역을 다스리지만 많이 먹으면 기를 동하게 하고 병이 재발하게 된다'고 수록되어 있다. 가지의 성질은 차나 지혈과 소종(消腫) 작용을 한다. 또한 해독과 아픔을 멎게 하고 고혈압을 완화하며 동맥경화 등을 방지해 준다. 따라서 나이가 많은 노인이나 고혈압 증세가 있는 사람은 가지 삶은 물을 자주 마시는 것이 좋다.

가지는 영양분이 적은 식품이지만 튀겨먹으면 열량을 높일 수 있고 나물, 전, 가지찜을 만들기도 한다.

4) 감자

원산지는 칠레이고, 종류로는 흰감자, 자주감자, 아리도스종, 긴흰감자, 농림1호감자, 호

이자감자 등이 있다.

감자에는 글로블린이 많고 잘 익은 감자는 당분이 적고, 덜 익은 감자는 당분이 많다. 맛이 담백하여 주식으로 할 수 있는 녹말이 많은 알칼리성 식품이다. 또한 육식을 많이 하는 나라에서 고기요리와 곁들여서 먹을 수 있는 채소요리로 빼놓을 수 없는 주요 식품이다.

약용으로 감자가 소엽제, 소화제로 이용되기도 하고 혈액 속의 산성을 알칼리성으로 바꾸는 역할도 한다. 조리법도 다양하여 찌거나 삶아서 먹기도 하고 감자부침, 감자조림, 감자볶음, 감자튀김, 감자떡을 만들어 먹기도 한다.

5) 더덕

질경과에 속한 다년생 만초이며 백남, 나남, 가덕 등으로 불리고 도라지와 비슷하다. 우리나라 강원도 인제, 철원 등에서 많이 재배된다.

비장, 위장, 신장계통에 유효하고 기관지, 탈장증에 효과적이다. 더덕 100g에 300칼로리의 열량을 내고 일반성분 외에 사포닌이 함유되어 있다. 그래서 물에 불려 이용하면 사포닌의 미끈한 것이 없어진다. 더덕잎은 나물로 무쳐 반찬이 되고 더덕생채, 더덕장아찌, 더덕자반, 더덕정과, 더덕구이, 더덕술을 담가 먹는다.

6) 도라지

질경과에 속하고 야생으로 자라던 것인데 지금은 밭에서 많이 재배되고 우리나라를 비롯한 중국, 일본 등지에서 재배된다. 주성분은 사포닌이 들어 있고 이눌린 그 외에 섬유질이 많은 알칼리성 식품으로 주로 뿌리를 먹고 어린잎과 줄기는 데쳐서 나물로 먹는다. 편도선염, 설사, 진해, 거담에 주로 효과가 있고 도라지산적, 도라지나물, 도라지정과, 도라지김치를 담가 먹기도 한다.

7) 무

무는 코카스, 유럽의 지중해 연안이 원산지이고, 가을 무, 봄 무, 여름 무 등으로 구분하며, 우리나라에서는 주로 가을 무를 가장 많이 먹고, 봄 무는 씨를 받기 위해 이용되며, 한명(漢名)으로 내복, 나포, 청근 등으로 불리워진다.

성분은 수분이 93%이고, 아린이 있어 맵고 아린맛이 있다. 여기서 얻은 겨자유로 생선이나 스테이크 요리를 할 때 첨가제로 이용된다. 무 껍질에는 비타민C가 무속보다 2.5배 정도 많이 들어 있고 비티민A, B, C는 무청 속에 많다. 무 전체에는 디아스타제라는 효소가 있어 소화제 역할을 한다. 나복자라는 이름을 갖고 있는 무씨는 이뇨, 소식, 변비, 진해, 거담제로 널리 이용되고, 무는 지혈작용을 한다. 무를 이용하여 무밥, 무국, 무찜, 무나물, 무생채, 무김치를 담가 먹기도 한다.

8) 미나리

미나리는 중국에서 기원전 2183~771년 하(夏), 은(殷), 주(周)나라 때부터 양자강 유역을 중심으로 논미나리, 밭미나리가 성했다고 알려져 있어 재배역사가 꽤 오래되었다.

우리나라 전역의 습한 땅에서 자생하고 경남이 전체 28%, 광주 25%로 주로 따뜻한 지방에서 재배되고 있다. 영양성분으로는 β-carotene(베타 카로틴)이 풍부하고 무기질에는 칼슘과 칼륨이 많이 들어 있으며, 한방에서는 미나리가 열을 내리는 약초이기도 하다. 또한 식욕을 돋워주고 창자의 활동을 좋게 하여 변비를 없애고 수분이 많아 변통을 좋게 해 준다.

미나리가 황달에 좋다고 알려져 있으며 폐, 위, 장 등에 응혈이 있을 때 잇몸에서 피가 나올 때 지혈작용을 한다. 중국 당나라 기록에는 미나리를 먹으면 정신력을 기르고 힘이 더해지며 약독을 비롯한 각종 독성분을 기르고, 약독을 비롯한 각종 독성분을 없애준다고 쓰여 있다.

미나리는 주로 나물을 해 먹거나 각종 음식의 고명으로 많이 이용된다.

9) 배추

십자화과에 속한 배추는 백채라고도 하고 비타민C가 매우 풍부하고 냉한 식품이다. 열량이 100g당 12칼로리로 낮고 소화불량, 각기병에 효과적이다.

민간에서 배추잎이나 줄기를 불에 데워 상한 손이나 가벼운 화상에 붙여 치유하는 것을 볼 수 있고, 날배추를 그대로 먹으면 생목이 올라 속이 쓰리는 것을 알 수 있다. 그래서 배추를 김치로 만들어 익혀 먹는 것이 합리적이다. 술에 취했을 때나 고갈이 심할 때에 배추국을 끓여 마시는 민간요법이 있다.

10) 양배추

십자화과에 속한 2년생 초본이며 결구성 배추의 변종이고 다른 채소류에 비해 잎이 두껍고 뻣뻣하며 납질이 강한 점이 특징이다. 아시아와 지중해 연안이 주요 재배지이고 성분은 녹색부분에 비타민A가 많고 흰부분에는 비타민B_1, B_2와 C가 많고 칼슘이 많은 알칼리성 식품이다. 아미노산 중에서 필수아미노산인 라이신이 많아 성장기에 있는 어린이에게 좋은 식품이다. 씨앗은 잠을 오게 하는 작용이 있고 위궤양이나 강장제로 주로 이용된다. 식용으로는 잎을 절이거나 데쳐서 쌈을 싸기도 하고 국이나 죽을 쑤어 먹게 되면 환자의 보양식이 되며 양배추 김치를 담가 먹기도 한다.

11) 연

수련과에 속한 다년생 초본이며 인도, 이집트가 원산지이다. 논이나 연못에 피어오르는 연꽃은 불교에서 극락세계를 상징하는 것이다. 중국에서는 불로식으로 뿌리와 열매를 널리 애용하고 있다. 연뿌리에는 주성분이 녹말이고 아미노산으로는 아스파라긴, 아르기닌, 티록신, 레시틴, 펙틴이 많고 일반식물에 적은 비타민B_{12}가 들어 있는 것이 특색이다.

연밥 속에는 비타민C, 티타늄 등이 있어 간, 비장, 심장, 신장, 위에 약용식품으로 애용된다. 연은 지혈제로 효과가 있고 위궤양, 몽정, 설사, 요통, 야뇨증에 이용된다.

연밥을 잘 볶아 꿀에 개어 참기름에 섞은 연자갱이는 강정식품으로 이용되고, 연씨로 차를 끓여 먹거나 연잎죽을 장복하면 정력에 좋고 연근을 달여 먹으면 숙취에도 효과적이다.

12) 토란

천남성과에 속하고 비타민B_1, B_2, C가 많고 주성분은 전분과 덱스트린, 설탕이 들어 있고 토란 특유의 단맛과 갈락탄이라는 당질 때문에 토란의 미끈미끈한 맛이 곁들여져 있다.

토란은 알칼리성 식품으로 위와 장의 기능을 돕고 피로해진 혈액을 맑고 신선한 혈액으로 바꿔 주는 작용도 한다. 변비증이 있을 때도 속이 가벼워지게 도와주고 몸에 부스럼이 있을 때는 복용을 금한다. 유방염에도 찜질하며 사마귀에 토란을 문지르면 모르는 사이에 없어진다. 한가윗날 송편이나 고기로 인해 배탈이 날 때 토란국을 끓여 먹으면 나쁜 질병을 제거한다고 하고 음식을 만들 때는 살짝 삶아서 하게 되면 독성도 가시고 끈끈한 맛도 줄어들게 되고 빛깔도 변하지 않는다. 토란잎으로 죽을 쑤어 마시면 설사를 멈추게 하는 작용을 하고 임신부의 입덧에도 효과적이다.

13) 양파

원산지는 페르시아, 이란이며 우리나라에는 100년 전에 전래되었다. 백합과에 속하는 다년생 풀로써 비늘줄기가 발달되어 있고 모양이 둥근 것이 많다. 빛깔은 백색, 황색, 홍색의 3종류가 있고 가장 매운맛을 내는 것은 홍색 양파이고, 백색은 장기 저장이 어렵다.

양파에는 비타민B_1, B_2, C가 많이 들어 있고, 포도당, 과당, 맥아당이 많아서 단맛이 있고 황화아릴계 향기 성분이 있어 알리신이 들어 있으며 알리신은 비타민B₁과 결합하여 흡수를 높여 주며 혈관확장과 수축을 원활하게 하며 고혈압과 동맥경화 치료제와 예방제로서의 가치가 높다. 또한 위와 장 점막을 자극하여 소화분비를 촉진케 하므로 건위 소화제로도 이용하게 된다. 양파는 각종 음식에서 볶음, 조림, 찜, 나물, 김치, 구이의 부재료로 활용범위가 넓다.

14) 호박

원산지는 남미이고, 성분은 황색색소와 비타민C가 많이 들어 있고 잘 익은 호박일수록 단맛이 많이 나는데 주로 당분이 늘어나기 때문이며 카로틴은 몸 안에 들어가면 비타민A가 된다. 어떠한 충격으로 서로 다투었을 때 오해를 풀라는 뜻으로 '호박국이나 끓여마시라'는 이야기를 하는데 이는 호박이 이뇨, 하기(下氣), 해독, 안심제의 효능을 갖고 있기 때문이다.

호박의 당분은 소화가 잘되므로 위장이 약한 사람이나 회복기의 환자에게 좋은 식품이 되고 호박씨는 구충제로 이용되고, 지방의 우수한 불포화지방산으로 되어 있어 머리를 좋게 해 준다. 호박은 산후부종과 당뇨병, 이뇨제로 쓰인다.

호박을 이용한 조리법은 나물, 전유어, 찜, 국, 호박잎쌈, 호박국 등으로 다양하게 이용되는 식품이다.

15) 녹두

녹두는 콩과에 속한 1년생 초본이고 우리나라, 중국에 많이 분포하고 녹두는 팥과 그 성분이 유사하나 팥보다 펜토산, 갈락탄, 텍스트린, 헤미셀룰로스가 많고 점성이 높다. 단백질을 구성하는 아미노산으로는 로이신, 라이신, 발린 등의 필수아미노산이 풍부하나 메티오닌, 트립토판, 시스틴 등이 적다. 지방은 불포화지방산인 리놀레산과 리놀레익산이 주성분으로 질적으로는 아주 우수하다. 녹두를 나물로 기르면 비타민A는 2배, 비타민B는 30배, 비타민C는 40배 이상 증가한다.

속설에 의하면 숙주나물의 숙주는 신숙주에서 온 것이라 하는데, 그는 육신을 등지고 세조의 공신이 되었으며 죄 없는 남이를 죽이고 거듭 공신의 호를 받은 사람인, 즉 서울사람들의 미움을 받아 이른바 거성당한 것이라 한다.

조선무쌍요리제법에는 '숙주라는 것은 우리나라 세조 임금 때 신숙주가 여섯 신하를 고변하여 죽인 고로 미워하여 이 나물을 숙주라 한 것이다.' 숙주나물은 대단히 잘 쉰다. 그래서 신숙주의 변절을 숙주나물의 변패에 비겨서 숙주라 하였다는 속설도 있다.

녹두는 예부터 한방에서 소변이 잘 나오게 하며 종기를 없애고 열을 내리며 위장을 튼튼하게 하고 눈을 밝히며 원기를 도와주며, 모든 내장의 기능을 조절하며 정신을 안정시키며 혈압을 내린다고 한다.

16) 밤

밤의 원산지는 중국과 유럽이고 우리나라는 경기도 양주군, 평안남도 함종의 밤이 유명하다. 비교적 5대 영양소가 고루 들어 있고 위와 소장에 유익한 식품이고 속껍질에는 탄닌산 때문에 떫은맛이 있다.

17) 잣

음력 정월 대보름날이면 초저녁부터 잣 껍질을 벗기고 꼬챙이가 굵은 바늘 끝에 잣을 꽂아 그해의 길흉을 점치는 놀이가 있다.

잣은 기름기가 많은 것이 특색이고 잣단자, 잣박산을 만들어 먹고 찜, 신선로, 약식에 웃기로 올리기도 한다. 잣은 한국의 특산물로 경기도 양주와 강원도 일대가 많이 나온다. 지방과 단백질이 주성분이고 잣 100g당 670칼로리로 고열량 식품이다. 호두나 땅콩보다 많은 철분이 있어 빈혈에도 이용되지만 자양강장제로 병후 회복기나 중병 환자용으로 죽을 쑤어 먹기도 한다. 관절신경통환자에게 상식되는 약용식품이기도 하다.

잣에는 비타민B가 풍부하고 올레인산과 리놀산, 리놀레인산 등의 불포화지방산으로 구성되어 있어 피부를 윤택하게 하고 혈압을 내리게 한다. 하지만 과식하면 지방이 많아 배탈이 난다.

18) 오미자

오미자(五味子)는 상록수로서 달고, 시고, 쓰고, 맵고, 짠맛의 5가지 맛이 들어 있다 하여 이름 지어진 것이다. 오미자는 덜익은 것은 색이 나오지 않기에 완숙된 것을 사용하고 능금산이나 포도당이 많이 들어 있어 정력제, 강장제로서 약효가 있다. 특히 헛기침이 나면서 가래 제거에 효과적이고 피로회복이나 병후 요양에도 좋으며 위산결핍, 설사, 백일해, 주독(酒毒) 해결에도 이용된다. 음식에의 활용은 오미자화채, 오미자편, 오미자주에 이용된다.

19) 은행

원산지는 중국이며 은행나무과에 속해 있는 나무로 우리나라, 일본, 중국, 만주 지방에서 재배되고 은행잎의 황색은 중심색으로 중용을 뜻한다. 열매에는 단백질, 지방, 탄수화물, 철분, 비타민C, 나이아신으로 구성되어 있고 우리 몸의 신경조직의 성분이 되는 레시틴과 비타민D의 모체가 되는 에르고스테린도 들어 있다.

약용으로는 진해, 거담제로 애용되고 주안상에 오르는 안주로도 사용되는데 독이 있다하여 날것을 금하고 구워먹는 것을 권장하게 된다.

은행은 음식을 만들 때 찜, 신선로, 단자 등에 이용된다.

20) 매실

원산지는 중국 남부이며 장미과에 속한 매화나무의 열매이다. 매실은 백매, 오매, 매화등이 있는데 과실에는 구연산과 사과산이 있어 호흡기계통과 소화기계통, 간장의 해독기능을 한다. 토사곽란이나 구강질환에 효과적이고 매화주, 매화죽, 매화차, 매실장아찌를만들어 먹는다.

21) 귤

제주도에서 많이 수확되는 것으로 새콤달콤한 맛과 특이한 향이 있어 날것으로 즐겨 먹고, 귤껍질은 말려 진피(陳皮)라 하여 약재로 사용되며 가래가 끓고 열이 있어 구토나 구역이 있을 때 다려 먹으면 가라앉게 된다.

귤에는 비타민C와 구연산이 다량 함유되어 있고 피로회복과 고운 피부를 만드는데도 효과적인 식품이고, 감귤류의 영양분은 과육보다도 껍질 부분에 풍부하다. 귤을 이용한 음식은 귤강차라 하여 귤을 설탕이나 꿀에 조려 만드는 것이며, 귤병고는 귤을 넣어 만든 떡이며, 귤로 술을 빚는 귤주가 있다.

22) 감

감은 떫은 감과 단감이 있는데 떫은 감은 오랫동안 나무에 그대로 두어 떫은맛을 없애고난 후 수확하고, 단감은 익기가 무섭게 물렁물렁해져 떨어지면서 깨지거나 터지므로 일찍수확하게 된다. 떫은 감은 연시라고도 하는데 침(沈)한다 하여 엷은 소금물에 재웠다가 인공적으로 익혀 먹는다.

감은 전국 각지에서 재배되지만 특히 경기도의 강화지방과 인천주변, 김포군, 전남지방

일대가 명산지로 꼽는다. 젯상에 자주 오르는 곶감은 건시(乾柿), 백시(白柿), 곶시(串柿)라는 이름으로 불리기도 한다. 감은 서리가 와야 단맛이 난다. 감속에는 탄닌과 전화당, 무질소, 능금산 등이 있어 설사는 멈추나 변비를 일으키기도 한다.

고혈압의 예방과 치료제로서 민간에서는 감잎을 쪄서 말려 차대용으로 마시기도 하고, 또한 감은 취기를 없애주고 각기병도 치료하며 뱀에 물렸을 때 씹어 붙이면 해독된다. 감나무 잎에는 비타민C가 풍부하고 뇌졸중, 신장병, 심장병에 효과적이다.

23) 배

원산지는 중국이고, 야생종과 개량품종이 있는데 중국종, 일본종, 서양종의 세 가지가 있다. 서양배는 모양이 표주박 형태이고 수분과 비타민 양이 적으나 당분이 많다. 그래서 생식보다는 통조림 가공용으로 이용한다. 배는 수분이 85.8%이고 단백질이 0.5g, 지방 0.2g, 당질 11.7g이 들어 있고 비타민C가 2mg이나 들어 있다.

잘 익은 배는 과당, 자당, 사과산을 주로 한 주석산, 구연산, 그리고 소화효소도 들어 있어 생것으로 먹으면 소화를 돕는 효과가 있다. 배의 당분은 과당이 대부분이고 포도당은 적다. 사과와는 달리 유기산이 적어 신맛이 거의 없다.

배를 먹을 때 까슬까슬하게 느껴지는 것은 오돌오돌한 석세포가 있기 때문이다. 이 석세포는 리그닌, 펜토산이라는 성분들로 된 세포막이 두꺼워진 후막세포이다.

생것으로 먹는 것 외에 통조림, 김치 등에 이용되고 서양요리에는 샐러드나 디저트에 많이 쓰인다. 특히 배는 고기요리의 자극을 완화하고 소화를 돕는 효과가 있어 불고기나 갈비찜 조리를 할 때에 설탕 대신 배로 단맛을 내고 피를 제거할 때 이용하면 고기가 아주 부드럽고 입에서 느끼는 단맛도 은은하고 맛이 좋다.

24) 유자

원산지가 중국이고 추운 지방에서도 잘 생육하고 가을에 보통 밀감보다 큰 과실이 맺어 누렇게 익는 유자는 겉이 울퉁불퉁하며 그 맛은 시며 쪼개면 짙은 향기를 낸다.

우리나라에서 전라남도, 경상남도 남해안 지방에서 주로 재배하고 탄수화물 17g, 단백질 1.4g, 지방 1g을 함유하고 비타민C가 많아 오렌지의 3배 이상 함유하고 비타민P와 같은 효과를 나타내고 헤스페르딘이라는 물질이 들어 있어 모세혈관을 보호하고 강화시키는 역할을 한다. 유자씨를 말려두었다가 볶아 가루로 만들어 물과 마시면 편도선염, 인두염에 좋고 허리가 아플 때는 유자껍질을 달여 마시면 효과적이고 특히, 겨울철 감기 예방에도 좋다.

25) 미역

우리나라 동해안과 남해안 일대와 제주도가 주산지이고, 갈조류 곤포과에 딸린 해초 미역을 해채라 부른다. 미역을 일명 감곽이라고도 부른다.

미역은 칼슘 함량이 많아 골격치아 형성과 산후의 자궁수축과 지혈의 역할을 하며, 갑상선 호르몬인 티록신의 주성분인 옥도가 많아서 혈관의 활동, 체온과 땀 조절 등 신진대사를 증진시키는 작용을 한다. 미역은 강한 알칼리성 식품으로 산도를 중화시키고, 알긴산이라는 점질물이 있어 아이스크림, 잼, 과자, 면류 등에 끈기를 주는데 이용되고 있다.

약효면으로 보면 머리칼의 백발을 방지하고 빈혈증으로 어지러움이 있고 심장 관상동맥이 약한 사람에게 상식하면 효과적이고, 인후염이나 편도선염에도 치료효과가 있다. 그리스 풍속에 처녀와 임산부는 목둘레의 변화로 구별하는 사실은 임신과 갑상선과의 관계에서 비롯되었고, 갑상선은 미역의 요오드(I)와 관련이 깊다.

26) 김

김은 해의 또는 해태라고도 부르고 옛날부터 구전되는 이야기 중에 김을 처음 발견한 김씨 성을 가진 사람이 적당한 이름이 생각나지 않아 '김'이라고 불렀다고 한다. 문헌에는 "경상도지리지"에서 조선 초에 경남 하동에서 처음으로 먹었다는 기록이 있다.

김에는 단백질이 30~50% 정도 있고 소화흡수가 잘되는 단백질이고 특히 비타민이 풍부하여 비타민 공급원으로 중요한 역할을 하고 지질은 적다. 칼슘, 칼륨, 철, 인 등 무기질이 풍부한 알칼리성 식품이다. 김을 구울 때 청록색으로 변하는 것은 김 속에 있는 피코에리스린이라는 붉은 색소가 청색의 피코시안으로 바뀌기 때문이고, 김의 독특한 향기와 맛은 아미노산의 시스틴과 탄수화물의 만닛 등이 있기 때문이다. 김을 구울 때 너무 센 불에서 구우면 타므로 잘 구워야 한다. 보관을 할 때는 습기를 막고 어둡고 서늘한 곳에 두어야 한다. 김을 이용한 음식은 김구이, 김무침, 김자반, 고명으로 사용된다.

27) 도토리

너도밤나무과에 속하는 낙엽 활엽 교목으로 떡갈나무의 열매가 도토리이다. 구황식으로 주로 이용하고 "옹희잡지"에는 '흉년에 산속의 유민들이 도토리를 가루 내어 맑게 걸러내어 이것을 쑤어서 청포처럼 묵을 만드는데 이것은 자색을 띠고 맛도 담담하지만 능히 배

고픔을 달랠 수 있다'라는 기록에서 구황식으로 처음에는 먹었다는 것을 알 수 있다. 또한 "오주연문장전산고"에는 도토리묵 만들기에 대한 설명이 있다.

도토리의 주성분은 녹말이고 탄닌이란 떫은 맛을 가지고 있으며, 추운 지방의 도토리에 탄닌이 더 많이 들어 있어 강원도의 도토리묵이 유명하다. 도토리는 묵, 수제비, 장아찌를 만들어 먹는다.

28) 메밀

마디풀과에 속하는 일년초인데 중앙아시아 북부가 원산지이고, 구황작물로 먹어 왔다. 서양에서는 과거에 먹지 않고 요즘 건강식으로 대두되면서 제과제빵에서 조금 이용하는 편이고 일본과 중국, 한국에서 주로 면으로 이용하는 곡물이다. "음식디미방", "주방문"에서는 칼국수로 메밀가루를 밀가루나 찹쌀을 섞어서 반죽하여 이용하였다.

메밀은 기온이 찬 지대에서 수확한 것이 맛이 있고 좋다. 그래서 우리나라에서도 강원지역에서 막국수 형태로 만들어 서민들이 부담 없이 많이 즐기는 식품이다. 메밀은 쌀보다 아미노산이 풍부하고 트립토판, 트레오닌, 라이신이 많고 단백가가 높다.

메밀은 가루가 곱고 잘 익어 소화가 잘된다. 특히 변비를 없애주고 고혈압에도 좋으며, 비타민P가 있어 혈관벽을 튼튼하게 해 준다. 특히 고혈압 환자에게 메밀주스로 만든 음료로 마시게 한다.

29) 부추

달래과에 속하는 다년생 초본이고 중국, 한국, 일본에 야생하고 잎은 마늘과 비슷한 특유의 강한 냄새가 난다. 소동파의 시에 '부추'귀절이 나온다. 이로 미루어 옛부터 전해져 내려오는 먹거리이다. 향이 강해 김치를 담글 때 넣는 것과 넣지 않는 것에는 차이가 많이 난다. 다른 파 종류에 비하면 단백질, 비타민A가 월등히 많고 유황화합물이 많이 있어 강장효과가 있다. 부추는 성질이 따뜻하고 맛은 시고 맵고 떫으며 독이 없다. 날것으로 먹으면 아픔을 멎게 하고 독을 풀어주며 익혀 먹으면 위장을 튼튼하게 해주고 체했을 때 부추를 된장국에 넣어 끓여 먹으면 효과적이다. 이용하는 요리에는 부추잡채, 전, 김치, 찌개에 넣으면 향긋하고 맛있는 먹거리이다.

30) 쑥

국화과에 속하는 다년초로 향쑥, 물쑥, 약쑥, 쑥 등 종류가 많다. 한국 어느 지방에나 자생하기 때문에 옛부터 민간에서 식용을 겸한 약용으로 많이 사용되어 왔고, 특히 요즘은 뜸으로도 많이 사용한다.

무기질과 비타민의 함량이 많고 특히 비타민A와 C가 많으면 치네올이라는 성분이 있어 독특한 향기를 내게 되고 약용으로 비장, 간장과 신장에 많이 이용하여 피를 맑게 하여 부인병 질환에 자주 이용된다. 쑥은 떡, 탕, 튀김, 나물에 주로 많이 이용한다.

31) 콩나물

콩나물의 재료는 쥐눈이콩으로 주로 만들고 우리나라에서는 삼국시대 때부터 재배되었고 "산림경제"에서 '豆芽菜'에 대한 이야기가 처음으로 나온다. 전날 술을 많이 마시거나 감기에 걸리면 콩나물국을 끓여 먹으면 쉽게 회복된다. 여기에는 비타민C와 아스파라긴산이 있어 피로회복에 좋다고 한다. 그리고 단백질이 다른 야채류에 비해 많이 들어 있고, 칼슘, 인이 포함되어 있어 훌륭한 영양식품이 된다.

콩나물은 부종과 근육통을 다스리고 위속의 염을 없애주는 효과가 있고 저혈압인 사람에게 좋다. 주로 이용되는 음식은 아귀찜, 황태찜, 대구찜, 미더덕찜, 나물, 국에 많이 사용된다.

32) 팥

콩과에 속하는 한해살이풀로써 인도가 원산지이고 중국, 우리나라, 일본 등지에서 재배하고 적두 또는 소두, 홍두라고 한다. "동국세시기"에 팥죽에 대한 이야기가 나오는데 그 이전부터 팥을 먹어 왔다는 것을 알 수 있다.

팥에는 비타민B_1이 많아 쌀 위주의 식사에서 잘 어울리는 식품이고 사포닌이 있어 약제로도 활용되며 지질함량은 적지만 팔미틴산, 스테아린산, 아라키돈산이 있어 우수한 지질을 함유하고 있다. 심장과 소장에 약용으로 이용되고 수종이나 각기에 효과적이며 변비와 당뇨에도 잘 들어 민간약의 구실을 한다. 음식에는 팥고물을 만들어 각종 떡에 활용하거나, 팥밥, 팥죽, 단팥죽, 제과, 제빵에 다양하게 쓰인다.

33) 찹쌀

벼과에 속하고 원산지는 동인도이다. 종과의 배유는 불투명한 흰빛이고 열매의 껍데기는 검은 빛을 띤 자주빛이며 찰기가 있다. 맵쌀과 성분상의 차이는 별로 없지만 한의학적으로는 차이가 난다.

아밀로펙틴 함량이 높아 끈기가 있고 오랫동안 설사하는 환자에게 지사제가 되고 위궤양환자에게 위점막 보호제 역할을 하며, 속이 허할 때는 찹쌀로 지은 밥으로 속을 메워 주기도 한다. 칼로리가 높고 소화도 잘되고 젖이 잘 안 나오는 산모에게는 많은 도움을 주며, 인절미는 끈기가 있어 장이 안 좋은 사람이나 수험생들의 영양간식으로 훌륭한 음식이다.

특히 찹쌀에는 비타민B$_1$과 B$_2$가 많이 들어 있어 쌀을 주식으로 하는 민족에겐 더욱 잘 어울리는 먹거리이다. 떡, 잡곡밥, 죽, 한과 등에 널리 이용되는 곡류이다.

34) 보리

포아풀과에 속한 한해 혹은 두해살이의 재배식물로서 봄보리와 가을보리가 있고 서남아시아, 이집트가 원산지이다. 보리는 쌀 다음 가는 중요한 곡물인데 요즘은 과거처럼 많은 가정에서 식용하지 않는다.

보리에는 쌀에 비해 비타민류가 많이 포함되어 있다. 특히 비타민B$_1$, B$_2$, 판토텐산, 비타민B$_6$를 많이 포함하고 있고 피로회복에 많은 도움을 주며 당뇨, 고혈압, 뇌졸중, 위궤양, 변비에 효능이 탁월하다. 소화는 빠르나 칼로리가 낮고 흡수율이 낮아 장기간 섭취하면 소화불량의 우려도 있다. 보리는 보리빵, 보리막걸리, 보리고추장, 엿기름, 맥주, 조청, 과자, 제과제빵에 주로 많이 이용한다.

35) 쌀

포아풀과 벼속에 속하는 한해살이풀로서 열매는 가을에 영과로 익는 것을 벼라고 하고, 이것을 찧은 것을 쌀이라고 한다. 원산지는 인도이고 품종이 많고 아시아인의 주식으로 오래전부터 재배되어 왔고 별다른 저장법 없이 오래 보관해 가며 먹을 수 있다.

쌀의 주성분은 녹말로 75% 이상이나 되고 인체가 필요로 하는 에너지를 공급받는다. 전분의 질이 좋기 때문에 소화흡수율 100%이며, 6% 이상의 질적으로 우수한 식물성 단백질이 포함되어 있다. 나트륨과 지질이 적고 콜레스테롤이 없어 생식을 하여도 건강에 문제가 없는 식품이다. 쌀은 떡, 밥, 강정류, 스낵류, 막걸리 등을 만드는데 이용한다.

36) 냉이

겨자과에 속하는 두해살이풀로서 길가나 들녘에서 이른 봄에 어린잎을 뜯어 먹는 들풀이다. 우리나라를 비롯하여 북반구 온대 지방에 널리 분포해 있다.

냉이에는 비타민A, B$_1$, B$_2$, C 등이 함유되어 있고, 채소 중에서 단백질의 함량이 많고 칼슘과 철분이 많은 우수한 알칼리성 식품이다. 날것으로는 못 먹고 살짝 데쳐서 식용을 해야 하고 나른한 봄에 입맛을 돋구는 향긋함을 즐길 수 있는 먹거리이다. 냉이는 간을 튼튼하게 하고 눈을 밝게 하며 위, 고혈압에 좋은 식품이다.

음식으로 섭취방법은 나물, 탕으로 주로 먹는다. 요즘은 아주 깨끗하게 재배된 것은 데치지 않고 샐러드로 먹기도 한다.

37) 씀바귀

씀바귀는 국화과의 다년생 초본이고 산야나 들녘에서 자라고 이른 봄철에 뿌리와 어린 잎을 주로 캐서 먹는 들풀이다. 우리나라, 중국, 일본에 분포하고 봄에 씀바귀를 많이 먹으면 여름에 더위를 잘 이길 수 있다고 한다.

나른한 봄철에 입맛을 돋구기 위해 한철에 즐기는 들풀로, 쓴맛이 있어 맑은 물에 쓴맛을 뺀 후에 먹기도 한다. 씀바귀는 겨울에도 얼어 죽지 않아 일명 월동엽(越冬葉)이라고도 하고 쌉쌀한 맛이 있어 고채(苦菜)라고도 한다.

음식으로 이용할 때는 나물, 김치를 담궈 먹는다. 이때 쓴맛을 잘 빼고 양념을 넉넉히 해야 맛이 있다.

2. 생선류

1) 굴비

천어, 곧 하늘고기로 신성시되던 조기는 궁중에서 수라상에 올렸다. 여염집에서도 조기신산이라 하여 조기를 조상에게 차려 올린 다음에야 먹었다.

굴비는 조기를 말린 것이다. 조기는 한국 서해안에 널리 분포된 생선이고 제주도와 중국 상해의 깊은 바다에서 겨울을 나고, 이월이면 서서히 산란을 겸한 여행을 떠나 떼를 지어 서해안을 따라 북상을 시작한다. 흑산도 연해에서 시작해 삼사월이면 위도 앞바다인 칠산 어장에 이르고 오뉴월이면 연평도 근해에 이르러 알을 낳는다. 한국 연안에서 잡히는 조기류는 모두 민어과에 속하며 참조기, 수조기, 흑조기, 부세, 보구치를 합해 조기라고 부른다.

"동국여지승람" 토산물 편에 보면 고려 인조 이십일년 서기 1643년에 임경업 장군이 명나라로 가는 도중 연평도 앞바다에서 엄나무발을 엮어 조기를 잡았다고 한다. 그리고 "신증동국여지승람"에서는 '군 북쪽 삼십리에 있는데 조기가 생산된다. 매년 봄에 경외의 사선이 사방에서 몰려들어 그물을 던져 고기를 잡아 판매하는데, 서울 저자와 같이 떠드는 소리가 가득하다. 그 고깃배들은 모두 세를 낸다'고 기록되어 왔다.

굴비의 유래는 800여 년 전인 고려 예종 때 이자겸이 그 딸 순덕을 예종에게 시집보낸 뒤에 공신이 되었다. 그 뒤로 외손자를 인종에게 시집보내어 권세를 잡고 이 씨가 임금이 된다는 참위설을 믿고 왕위를 넘보다가 영광으로 귀양을 갔다. 거기서 조기를 절여 맛을 보고 조기를 말려서 임금에게 진상했다. 자기가 비겁하지 않다는 뜻으로 '굴비'라고 이름 지어 보냈다고 전한다. 굴비는 단백질이 주요 성분이나 무기질 성분이 골고루 들어 있어 식욕을 촉진시키는 효과가 있다. 조리법은 구이, 조림, 찜을 만들어 먹는다.

2) 게

게의 종류에는 꽃게, 민꽃게, 바다참게, 개방게, 털게 등이 있고 일반성분에는 칼슘과 인, 비타민B_2가 많고 특히 단백질 함량이 많고 지방이 적으므로 맛이 담백하고 소화성이 좋다. 필수아미노산이 많아 발육기에 있는 어린이와 노인들에게 좋은 식품이다. 게는 특히 비만증이나 간장염, 고혈압환자에게 좋다. 조리법은 찌개, 게장, 찜으로 이용된다.

3) 도루묵

도루묵은 농어목 도루묵과에 속하는 바다물고기이다. 우리나라 동해 연안과 일본, 사할린, 캄차카, 알래스카 등지에 분포한다. 냉수성 어류로서 속초, 주문진 근해에 많다. 우리나라 방언으로는 도로목, 도로무기, 돌목어라고도 하며, 한자로는 목어, 은어, 환목어, 환맥어라고도 한다. 그 중에서도 은어 또는 목어라고 많이 불렀다.

도루묵에 대한 전설은 정조 때에 이의봉이 편찬한 "고금석림"과 조선말기에 조재삼이 지은 "송남잡지"에 의하면 고려의 왕이 동천하였을 때에 목어를 먹게 되었는데 반찬이 신통치 않던 차에 오랜만에 비린 것을 먹게 되어 그 맛이 좋아 이름을 '은어'로 바꾸어 부르라 하였다. 다시 서울로 돌아온 뒤에 그 맛이 그리워 수랏상에 올리도록 명하였는데, 다시 먹었을 때에는 맛이 없어 도로 목이라 부르라 하여 '도루묵'이 되었다.

도루묵은 일본 사람들이 우리나라 사람보다 더 좋아하고 살이 연하고 담백하나 별 특별한 맛이 없다. 몸이 작아 통째로 찜을 하거나 기름에 튀겨 뼈째 먹기도 한다. 그 외에 도루묵찌개, 도루묵지짐도 별미이다. 손질할 때는 배가 터지지 않게 아가미 쪽으로 내장을 꺼내며 연하고 물이 많은 생선이므로 소금물에 잠깐 담가 두었다가 찬물에 헹구어 소쿠리에 받쳐 물기를 뺀 뒤에 조리해야 살이 단단해져서 덜 부서진다.

4) 도미

도미는 감성돔과에 속하며 어체의 모양과 색깔에 따라서 그 종류도 매우 다양하다. 우리나라 근해에서 많이 잡히는 것으로 항돔, 감성돔, 불돔, 황동, 청돔, 능성돔, 옥돔 등이 있고 우리나라와 일본 사람들은 도미를 예로부터 '백어(白魚)의 왕(王)'으로 귀중한 경사나 제사에 없어서는 안 될 최상의 생선으로 보고 있다.

우리나라에서 '어도 돔'이라는 말이 있다. 이는 지방이 많지 않아 맛이 담백하고 비리지 않아 고급어종이라는 의미가 있다. 그리고 깊은 바다에 살기 때문에 강한 수압을 받아 수분이 적고 세포가 단단하며 표피에 자기소화를 일으키는 효소가 적어 다른 생선보다 잘 부패되지 않기 때문이다. 도미의 단백질은 타우린이나 메치오닌 등의 함황아미노산을 많이 함유하고 있다. 그래서 동맥경화, 고혈압, 심근경색과 같은 성인병을 예방한다.

도미가 맛이 있는 것은 글루타민산을 비롯하여 아미노산 균형이 좋고 육질에는 뉴클레오티드의 이노신산이 축적되어 있기 때문이다. 도미의 눈에는 비타민B_1이 풍부해서 옛날부터 강정식으로 알려져 있고 껍질에는 비타민B_2가 많아 버리지 말고 먹는 것이 좋다. 또한 돔에는 칼슘이 많아 산모가 미역과 함께 끓여 먹으면 유아의 발육촉진을 도와주게 된다. 조리법은 회, 탕, 찜, 도미면, 구이, 조림에 많이 이용된다.

5) 멸치

멸치는 등쪽이 암청색이고 배쪽은 은백색이며 뼈째로 먹을 수 있는 물고기의 대표적인 것으로 칼슘, 철분, 비타민A, 비타민B_1, B_2, 나이아신을 함유하고 있다. 특히 무기질을 많이 함유하고 있어 골격과 치아를 형성하고 세포조직을 구성하는데 중요한 역할을 한다. 발육기의 어린이나 임산부에게 권장할만한 식품이다.

멸치의 품질은 기름함량으로 나타나는데 저장 중에 기름이 산화되어 냄새가 나기 쉽다. 색이 검붉게 짙은 것일수록 기름이 산화되어 변질된 것이고, 색이 뽀얗고 깨끗하며 윤기가 있는 것이 신선한 것이다. 멸치에는 글루타민산이 많이 들어 있어 감칠맛이 나는 것이 특징이다.

생멸치는 소금구이나 조림으로 반찬을 하고 주로 우리나라는 마른 멸치를 많이 이용하고 있다. 봄철에 멸치로 젓을 담그기도 하고, 볶아서 먹거나 가루로 만들어 천연 조미료로 이용하기도 한다.

6) 미꾸라지

미꾸라지과에 속한 민물고기로서 이추(泥鰍)라고도 불리고, 몸이 매우 미끄럽고 몸통이 둥글고 길쭉하니 검은 반점이 있다. 주로 진흙 속에서 지내고 겨울보다는 늦여름과 가을에 제맛을 낸다. 영양분은 단백질, 비타민A, 비타민B$_2$, 철분, 칼슘이 많은 영양식품이고 화농 성질환에 효과적이며 오장을 보호하고 소화기계에 효과적이다.

추어탕은 보신제 역할을 하고 얼큰하게 끓여 별미로 즐기며 매운맛이 나는 조미료를 많이 넣어 소화분비액을 증가시키고 추어탕은 특히 비린내가 심하기 때문에 고춧가루, 후추, 산초가루 등을 이용하여 얼큰하게 끓이는 것이 제격이다. 특히 미꾸라지는 굵은 것이 상품이고 내장까지 함께 끓여 조리를 하게 되므로 비타민A와 D를 허실시키지 않는 훌륭한 식품이다.

7) 오징어

연체동물인 오징어는 오적어라고도 하며 영양가가 높은 해산물이며 단백질이 위주이고, 마른 오징어에는 쇠고기 단백질 3배 이상이나 들어 있으며 트레오닌, 라이신, 트립토판이 많이 들어 있고 열량도 다른 해산물보다 높은 것으로 나타났다.

오징어가 가장 맛이 있는 시기는 가을이고, 오징어 뼈는 일명 해표초라 불리고 지혈제로 응용되며 안약으로 쓰이며, 산후 출혈에 오징어 먹물이 효과적이다. 오징어는 산성식품이므로 알칼리성 채소와 곁들여 먹는 것이 좋고 위산과다 등이 있거나 위궤양, 소화불량인 사람은 삼가하는 것이 좋다. 음식으로는 오징어볶음, 오징어구이, 오징어젓, 오징어탕, 오징어회, 오징어무침으로 이용한다.

8) 병어

흰살 생선인 병어는 살코기가 연하며 맛이 담백하고 비린내가 없어 먹기에 좋으며 굽기, 튀기기, 조려서 먹는 조리법도 다양하다. 병어는 농어목 병어과에 속하고 먼바다에 나는 난해성 어류로 쿠웨이트 연안에서부터 인도양, 남지나해의 아열대 해역에 많이 분포해 있고 우리나라는 서남해에 많다.

우리나라에서는 몇 백 년 전부터 병어를 잡아온 것으로 알려져 있다. 조선 성종 때에 편찬한 "동국여지승람"의 증보판인 "신증동국여지승람"에는 경기도와 전라도 몇몇 지방의 토산물로 병어가 실려 있다. 정약전이 쓴 "자산어보"에도 '큰 놈은 두 자쯤 된다. 머리가 작고 목덜미가 움츠러들고 꼬리가 짧으며 등이 튀어나오고 배도 튀어나와 그 모양이 사방으로 뾰족하여 길이와 높이가 거의 비슷하다. 입이 매우 작고 창백하며 단맛이 난다. 뼈가 연하여 회나 구이에 좋고 국을 끓여도 맛있다'는 기록이 있다. 병어는 여름이 제철이어서 이때가 맛도 좋을 뿐더러 값도 가장 싸다. 조리법은 주로 구이, 조림을 한다.

9) 장어

여름에 몸을 보하고 입맛을 돋구기 위해 보신식품으로 장어를 많이 먹는다. 장어는 함장 어과에 속하는 바다물고기인데 우리나라 연안 하천에 분포되어 있고 그 종류가 20여 종이 나 된다. "동의보감"에 뱀장어가 허로(虛勞)와 오치(五痴)에 약이 된다고 하였다. 장어의 성분은 뱀장어가 217kcal/100g로 열량이 가장 높고 단백질 14.4g, 지질 17.1g을 포함하고 비타민A, 3500I.U를 포함하고 있다. 장어의 시기에 따라 변동이 있는데 90g 체중의 장어는 쇠고기의 200배가량의 비타민A가 있고, 5~6년 지난 장어는 쇠고기보다 1,000배나 많은 비 타민A가 있다. 그리고 장어에는 비타민E도 풍부하다. 100g 중에 비타민E가 3.1mg 이상 들 어 있어 노화방지에도 효과가 크다. 지방은 불포화지방산이 있어 동물성 지방과 성격이 다 르다.

그런데 장어는 산성식품으로 소화가 잘 안 되어 소화기능이 약한 사람이나 어린이는 먹 지 않는 것이 좋다. 또한 장어요리를 먹은 후 복숭아를 먹지 않는 것이 좋다. 이 둘은 서로 상극이다. 즉 장어를 먹을 때는 유기산이 많은 과일 섭취는 피하는 것이 좋다.

10) 전복

전복하면 흔히 전복죽을 떠올리지만 찜을 해 먹기도 하고, 국도 끓여 먹고, 궁중음식인 전복초도 만들어 먹는다. 날것을 좋아하는 사람들은 회로 즐겨 먹기도 하고, 말려서 포를 만들기도 한다. 미국에서는 스테이크를 해 먹고, 전복은 파도가 많이 치고 물이 맑으며 갈 조류가 많은 암초지대에 서식한다.

전복의 종류도 여러 가지이다. 가장 대접받는 전복은 멕시코에서 나는 전복이다. 껍질이 두껍고 색상이 화려해서 우리나라에서는 수입을 해서 쓰는데 값이 열 곱쯤은 된다. 우리나 라 남해안과 서해안에는 참전복과 까막전복이 많고, 동해안에는 참전복, 제주도 연안에는 까막전복과 말전복 그리고 종자가 작은 오분자기가 있다. 맛은 참전복이 가장 좋고 살이 쫄깃쫄깃해서 날로 많이 먹는다. 오분자기는 젓갈용으로 많이 쓴다.

전복은 고단백질이고 아미노산이 풍부해 단맛이 난다. 비타민B$_2$, B$_{12}$가 많고 칼슘, 인과 같은 미네랄이 많아 산모에게 전복을 고아 먹여 모유가 많이 나오게 하곤 했다. 정약전"자산어보"에 '그 살코기는 맛이 달아서 날로 먹어도 좋고 익혀 먹어도 좋지만 가장 좋은 방법은 말려서 포를 만들어 먹는 것이다'는 기록이 있다. 그 장은 익혀 먹어도 좋고, 젓을 담가 먹어도 좋으며, 종기 치료에도 좋다고 한다. 전복은 가을철 산란을 앞둔 여름철이 가장 맛있다.

11) 홍합

홍합은 '담채'라고도 한다. 온 세계에 홍합류가 이백 종이 넘게 있다고 하는데, 우리나라에는 진주담채, 소담채, 저담해, 키홍합 등이 있다. 우리나라의 모든 연안에 퍼져 있는데 특히 동해와 남해안 일대에 많다.

정약전의 "자산어보"에 의하면 '예봉 밑에 더부룩한 털이 있으며 몇 천, 몇 백 마리가 돌에 달라붙어서 무리를 이루며 조수가 밀려오면 입을 열고 밀려가면 입을 다문다(중략). 맛이 감미로워 국에도 좋고 젓을 담가도 좋으나 그 말린 것이 사람에게 가장 좋다'는 기록이 있다.

홍합은 동맥경화를 방지하는 '아이코사펜타엔산'이란 성분을 가지고 있고 조가비와 수염이 한방재료로 쓰이며, 여자들이 먹으면 많은 보익이 되고 미역국에 넣으면 몸에도 좋고 그 맛이 아주 시원하고 달다.

유럽의 지중해 연안지역에서는 홍합을 수프, 찜요리, 스파게티, 파스타, 해물샐러드에 쓴다. 우리나라에서는 꼬챙이에 꿰어 말려서 많이 쓰고, 경남 해안지역에서는 제사에 쓸 탕에 넣기도 한다. 또 개성음식에 말린 홍합과 해삼으로 만든 홍해삼이란 음식이 있고 궁중음식으로는 홍합초가 있다.

12) 해삼

극피동물로 암갈색과 다갈색이 교차하는 무늬를 가지고 있는 둥근 통 모양으로 자란다. 밤에 활동하므로 바닷쥐라고도 하며, 서양에서는 오이를 닮았다고 해서 바다오이라고도 한다. 영양가가 우수한 식품으로 비타민A, B_1, B_2, C, D, 나이아신 등을 함유하고 칼슘과 인, 철분이 많고 마른 해삼은 단백질이 30%가 넘는 영양식품이다.

해삼은 독이 없고 신경약품으로 사용되고 피부보호에 응용되며 방광의 양기를 돕고 변비와 위궤양에 효과적이다. 바다의 인삼으로 불리는 해삼은 소아발육에 효과적이고 고혈압환자, 치아가 부실한 노인에게 쉽게 소화되는 육류 대용의 영양식 구실을 한다. 깊은 바다의 것이 좋고 약의 효능은 말려서 사용하는 것이 효과적이다.

해삼은 담백하고 고기의 맛이 좋아 고급요리재료로 이용되고 해삼탕, 해삼초, 해삼전, 해삼회에 이용되고, 날것은 부패하기 쉬우므로 내장을 빼내어 말려주면 오랫동안 두고 먹을 수 있다.

13) 고등어

고등어는 우리나라 전 해역에서 어획되지만 동해에서 많이 잡히는 등푸른 생선이다. 단백질과 지방질이 많이 들어 있어 칼로리가 비교적 높은 편이고, 비타민A와 나이아신이 비교적 많이 함유되어 있으며 인산을 많이 함유하고 있어 강한 산성식품에 속한다. 핵산 성분과 고가의 불포화지방산인 DHA와 EPA를 많이 함유하고 있다.

고등어는 바다의 위층에 주로 살기 때문에 강한 수압을 받지 않는다. 그러므로 깊은 곳에 사는 생선보다 육질이 연해 부패하기 쉽다. 특히 고등어에는 염기성 아미노산인 히스티딘이 많아 선도가 떨어지는 부패가 시작되는 초기에 히스타민이라는 유해성분으로 변화되어 신체에서 알레르기 현상이 일어나기 쉽다. 고등어는 가을이 제철이고 배 쪽에 지질함량이 많아 맛이 좋다.

14) 갈치

갈치과에 속하는 생선으로 칼같이 생겼다고 해서 갈치라고 하고, 중부지방에서는 빈쟁이라고 한다. 흰살생선의 대표적인 어류로서 열량이 다른 어류에 비해 높다. 갈치에는 양질의 단백질과 지방이 많이 함유되어 있고 불포화지방산으로 이중결합이 2개 있는 리놀산이 많다. 탄수화물은 거의 들어있지 않다. 그리고 비타민A와 나이아신이 비교적 많이 함유되어 있으며, 무기염류로는 철분이 적지 않게 들어 있다. 갈치의 체표면은 은백색으로 찬란하다. 이것은 핵산의 퓨린염기 중에 구아닌이 결정화된 것이다.

갈치는 우리나라 서남해안에서 많이 어획되는 회유성 어종이고 가을 갈치가 맛이 있다. 갈치음식은 갈치구이, 갈치조림, 갈치국, 갈치젓, 갈치자반을 만들어 먹는다.

15) 명태

대구과에 속하고 한류성 어종으로 경북 이북의 동해안, 오츠크해, 베링해에 분포하고 "신증 동국여지승람"에 비로소 無泰魚란 명칭으로 처음 나온다. 단백질이 풍부하고 지방이 없어 담백하며, 칼슘이 많아 체액을 알칼리성을 유지하게 하고 신경질이나 뇌졸중 예방에 효과적이다.

명태는 조선조 중엽에 함북 명천군에 살던 태모 씨가 낚시로 잡았다하여 명태라고 이름 붙게 되었고 북어, 동태, 망태, 강태로도 불리기도 한다. 생선은 얼리거나 그대로 또는 말려서 먹고, 알은 젓을 담그고 간은 간유를 만드는 원료로 이용된다. 지질함량이 적어 맛이 담백하고 메치오닌이 많아 술국에 좋다.

북어는 무침, 전, 적, 조림, 찌개, 찜, 포, 국, 구이 등 다양한 조리법으로 남녀노소 가리지 않고 좋아하는 먹거리이다.

3. 수조육류

1) 꿩

꿩과에 속하는 닭과 비슷하고 수컷은 장끼라고 하고 암컷은 까투리라고 불리며, 우리나라가 특산지이고 중국과 일본에도 분포하고 있다. 강원도 치악산 주변에서 서식하고 있어 '雉'가 붙었다고 한다. 주로 강원도 산악지역에서 기르고 있다.

꿩은 조류가운데 사냥으로 잡아서 먹는 음식이고 "규합총서"에 의하며 '생치는 한 후궁의 이름이 雉이기 때문에 그때부터 野鷄라 하였다. 8월부터 2월까지 먹을 수 있고 나머지 달은 유독하고 또 맛이 없다. 兒雉는 7월에 먹되 뼈가 목에 걸리면 고칠 약이 없다'는 기록이 있다. 유난히 뼈가 많고 고기가 적지만 맛이 아주 담백하고 고소하다. 살은 가슴에 많고 칼륨이 많으며 비타민B 복합체가 고루 분포되어 있으며 단백질 함량이 높다.

닭과 조리법이 비슷하여 만두 속, 냉면의 고명, 꿩 전골, 조림, 구이를 해 먹는다.

2) 닭

닭은 아주 옛날부터 집집마다 쉽게 사육되어 왔고, 요리법도 "규합총서"에서 "本草"에 이르기를 안으려는 닭은 유독하고, 겨자, 자충이, 잉어, 개간(肝), 파, 오얏, 찹쌀은 닭고기와 같이 먹지 말라 하였으며 또 "닭이나 꿩이나 간(肝)이 푸른 것은 먹지 말고 발이 흰 검은 닭과 머리 검은 흰 닭은 먹지 말라"고 하였다.

닭고기는 다른 고기에 비해 섬유가 가늘고 연한 것이 특징이고 지방이 많으며 특히 껍질이 연하고 맛도 좋다. 쇠고기보다 메치오닌을 많이 함유하고 쌀을 주식으로 하는 민족에게 더욱 효과적이다. 닭은 5~7개월까지 영계일 때 영양가가 가장 높고, 늙은 닭고기는 육질이 질기고 영양가도 떨어진다. 가슴부분은 살이 희고 지질이 적어 맛이 담백하고 다리는 살이 붉고 독특한 풍미도 있어 상품으로 친다. 콜라겐이 많아 피부의 노화 예방에 효과적이다.

닭은 종교, 인종, 지역을 구분하지 않고 어느 곳에서도 즐겨 이용하는 식재료이다. 가격도 다른 육류에 비해 저렴하므로 다양한 조리법으로 이용하는 식품이다.

여름 더운 철에는 보신용으로 인삼, 찹쌀과 더불어 탕으로 끓여 먹고, 닭찜, 볶음, 지짐, 구이, 국 등 다양한 조리법을 활용하는 식품이다.

3) 돼지고기

아시아나 유럽에 널리 분포하여 세계 각지에서 오래전부터 식용으로 이용되었고 신석기시대에 정착농업과 함께 가축화되었다. 중국에서는 기원전 2200년경에 돼지가 사육되고, 고대 그리스에서는 햄 등의 육가공품으로도 가공되고, 이슬람교나 유대교, 힌두교에서는 돼지는 부정한 것으로 취급되어 먹지 않는다.

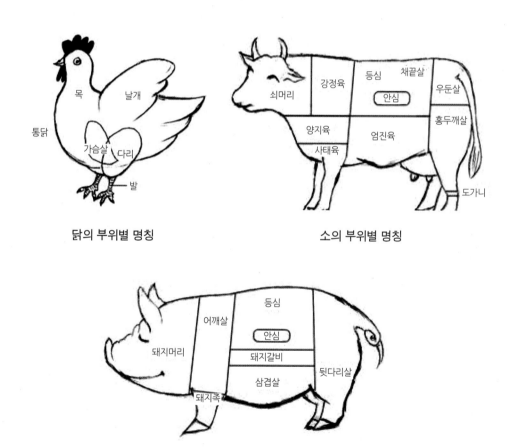

닭의 부위별 명칭   소의 부위별 명칭

돼지의 부위별 명칭

1600년대 요리서인 "음식디미방", "주방문"에서 많지 않지만 돼지고기 요리에 대해 나온다. 1700년대 "증보산림경제"에서 돼지고기 요리법이 많이 보인다. 이때부터 많이 만들어 먹은 것으로 알 수 있다.

돼지고기에는 지질과 콜레스테롤이 많아 칼로리가 높고 삼겹살에는 44% 이상의 지질이 있고, 비타민F라 불리는 필수지방산이 있어 뇌의 지적활동에도 중요한 역할을 한다. 또한 돼지고기에는 비타민B$_1$이 많은데 특히 살코기에 많고 열에 안정한 편이다.

돼지고기를 이용한 음식은 조림용, 찜, 구이, 전, 볶음, 찌개, 편육, 탕이 있다.

4) 쇠고기

쇠고기는 전 세계적으로 모든 인간이 애호하는 수육 중에 맛이 좋고 영양가가 우수한 식품이다. 인간의 성장에 필요한 모든 필수아미노산이 고루 들어 있고, 15~20%의 단백질이 있고, 라이신이 8.4%나 들어 있어 어린이의 발육에 가장 필요한 식품이다. 지질은 10~30% 들어 있어 풍미를 좋게 하고 입안에서 부드럽게 해 주고 열량을 높게 낸다. 지질은 스테아르산, 팔미트산과 같은 포화 지방산이 많아 소화흡수가 좋지 못하다. 구이나 불고기를 할 때 참기름을 곁들이면 영양성분이 훨씬 조화롭고 혈관의 콜레스테롤 침착을 예방해 주는 역할을 한다.

비타민 함량이 적고 인산이 많아 산성식품이므로 섭취할 때 반드시 야채를 곁들여 먹어야 체액의 산성화를 막을 수 있다. 쇠고기는 잡은 후 7~13일 사이가 가장 맛있고, 온도가 높을수록 숙성도는 빠르다. 음식에 이용하는 방법은 구이, 전골, 찌개, 국, 조림, 회, 포, 찜, 전, 적 등에 다양한 용도로 활용된다.

5) 오리

오리는 기러기목 오리과에 속하는 것으로 양자강 유역이 원산지이고 우리가 흔히 오리라고 부르는 것은 집오리이다. 6,000년 전쯤부터 사람이 집에서 길러 오면서 알과 고기를 얻어먹을 수 있도록 품종개량을 해온 것이다.

오리는 잡식성이어서 아무거나 잘 먹고 놀라운 소화력을 지녔다. 청산가리를 먹고도 뒹굴다가 바로 일어나 돌아다닐 만큼 강한 소화 해독력을 지녔고, 오리는 체질 개선제이다. 다른 육류는 대부분 산성식품인데 오리고기는 알칼리성 식품이다. '본초강목' 등 옛 의학서에 오리는 비만증, 허약체질, 병후회복, 음주전후, 정력증강에 도움이 되고 각종 해독작용과 혈액순환에 도움을 준다고 전한다.

오리는 11월에서 이듬해 3월까지 기름이 올라 맛이 나고 추운 겨울이 제철이다. 살은 붉은 빛을 띠고 지방은 피하에 많으며 부드럽고 풍미가 있어 새고기 중에서 가장 맛이 있다. 음식으로는 오리밥, 오리전골, 오리국, 오리전, 오리잡탕, 오리불고기 등의 요리가 있다.

6) 염소

염소는 옛 조상들로부터 지금까지 귀한 약용 동물로 나뭇잎, 풀, 열매, 줄기를 먹고 자라는 신비의 동물로 1960년대 이후 양이 수입되면서 잡종화가 이루어지고 있다.

본초강목에서는 "염소고기는 보중익기(補中益氣)하며 성(性)은 감(甘) 대열(大熱)이다" 하였다. 이는 몸을 보하고 원기를 보충시키는데 주로 이용하였고, 단백질이 많고 지방이 적으며 비타민B군, 비타민E 함량도 뛰어나 노년건강에 필수적이다. 또한 염소의 간에는 비타민A가 다른 동물의 간보다 월등히 많아서 야맹증과 노년기의 시력감퇴를 막아주는데 훌륭한 음식이 된다.

염소를 이용한 음식은 불고기, 갈비, 탕을 주로 만들어 먹는다.

제 2 장

한국조리실습

밥의 정의

밥은 우리의 주식으로, 쌀로 흰밥을 짓기도 하고 여러 가지 잡곡을 조금씩 섞어서 잡곡밥을 짓기도 하며, 또 여러 가지 채소를 같이 넣고 채소밥을 짓기도 한다.

밥을 짓는 곡류 중에서는 쌀이 수위(首位)를 차지하므로 좁은 뜻으로는 쌀밥만을 가리키기도 하며, 다른 곡식을 섞을 때는 혼합물의 이름을 붙여서 보리밥·콩밥·팥밥 등으로 부르기도 한다.

밥 짓기

필수 재료

멥쌀 3컵
물 4컵

Tip. ① 쌀의 중량 변화
· 마른 쌀 : 560g(3컵)
· 씻은 후 : 680g
· 30분 불린 후 : 745g
· 밥한 후 : 1540g
· 1인분 : 220g
② 쌀을 30분 불린 후 동량의 물로 밥한 것은 약간 꼬들꼬들한 상태가
되며, 쌀이 물을 포함하고 있는 정도에 따라 물의 양을 조절한다.
③ 밥의 조리는 매우 특수한 조리법에 속한다. 쌀을 씻어서 물을 흡수시
켜 다시 물을 부어 불에 올려 충분히 끓인다. 호화되어 밥물이 잦아들
면 불을 약하게 하여 뜸을 들이는 과정을 거친다.
㉮ 우리나라, 일본은 취반법으로 밥을 짓는다.
㉯ 인도, 태국, 자바, 만주 등지에서는 솥에 넉넉히 물을 담고 쌀을
넣어서 끓어 오르면 밥물을 모두 쏟아버리고 다시 솥에 담아 불을
약하게 하여 찌는 제탕법이다.
㉰ 처음부터 찜통에 쌀을 담아 쪄서 밥을 만드는 조리법이다.

만드는 법

1 쌀은 밥을 짓기 약 30분 전에 깨끗이 씻어 물에 불려서
소쿠리에 건져 물기를 뺀다.

2 두꺼운 솥이나 냄비에 쌀을 담고 밥물을 부어 센불에 올
려 끓인다.

3 한 번 끓어오르면 중불로 약하게 줄여서, 쌀알이 퍼지면
불을 아주 약하게 줄여 뜸을 들인다.

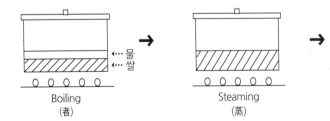

Boiling (煮) → Steaming (蒸) → Roasting (燒)

흰밥 짓기

1 쌀 씻기

30분 전에 쌀을 씻어 쌀알에 충분히 수분을 흡수시킨 후 건져서 물기를 빼고 쌀과 동량의 물을 부어서 밥을 짓는다. 쌀을 씻을 때에는 미리 큰 그릇에 물을 받았다가 한 번에 쌀에 부어 저어서 바로 쏟아 버린다. 쌀을 손바닥으로 비벼 씻어 다시 물을 부어 뿌연 물이 없어질 때까지 3~4차례 헹군다.

2 밥물의 분량

밥물의 양은 쌀의 용량, 즉 부피의 1.2배 정도가 적당하고 중량으로는 1.5배가 적당하다.

쌀의 건조도　　・햅　쌀 : 쌀의 1.1배
　　　　　　　・묵은쌀 : 쌀의 1.5배

쌀로 밥을 지으면 분량이 쌀의 약 2.5~2.7배가 된다.

3 밥솥과 냄비

냄비와 솥은 재질의 두께가 두껍고 뚜껑이 꼭 맞고 무거운 것이 좋고, 재질은 무쇠나 돌이 좋다.

4 연료

숯불이나 장작을 이용해서 짓는 밥이 맛이 좋다.

5 밥 짓기

충분히 쌀알이 익었으면 마지막에 5초 정도 불을 세게 하여 여분의 수분을 증발시키고 불에서 내린다. 쌀을 씻어 금방 밥을 지을 땐 청주를 약간씩(쌀 2.5컵에 1작은술) 뿌려서 7~8분 약한 불에 올려서 다시 짓는다.

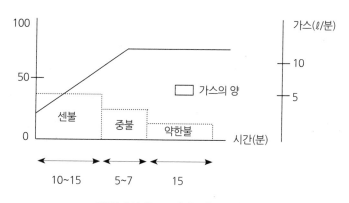

밥짓기의 온도, 시간, 연료곡선

오곡밥

필수 재료

팥 1/2컵
밤콩 1/4컵
수수 1/2컵
차조 1/2컵
찹쌀 5컵
멥쌀 2컵
소금 1큰술

만드는 법

1 팥은 깨끗이 씻어 푹 삶고, 수수와 차조는 깨끗이 씻고, 밤콩은 불려 놓는다.

2 ①의 재료와 쌀을 섞고 팥물을 부어 밥을 짓고, 끓은 후 차조를 넣어 뜸을 들인다.

비빔밥

비빔밥은 밥을 그대로 먹는 것이 아니라 각종 나물, 쇠고기볶음, 계란지단, 튀각 등을 얹어 일품요리로 뒤섞는다고 해서 골동반이라 한다.

필수 재료
쌀 2컵, 쇠고기 200g, 도라지 150g,
고비 150g, 취나물 150g, 참나물 150g,
당근 100g, 표고 100g, 숙주 200g,
계란 2개, 다시마(大) 1/3개, 파 3큰술,
마늘 2큰술, 고추장 2큰술, 깨소금 3큰술,
참기름 2큰술, 후춧가루 1작은술, 소금 약간

만드는 법
1 밥을 약간 되게 한다.

2 쇠고기는 곱게 채 썰어 양념(간장 2큰술, 파 다진 것 2작
   은술, 마늘 다진 것 1작은술, 깨소금 2작은술, 설탕 1작
   은술, 후춧가루 약간, 참기름 1작은술)하여 팬에 볶는다.

3 도라지는 4cm 길이로 다듬어서 소금을 약간 넣고 주물
   러 씻어 참기름으로 볶는다.

4 고비는 딱딱한 것만 제거하고 4cm 길이로 썰어 쇠고기
   를 볶고 남은 국물에 볶는다.

5 숙주는 데쳐 소금과 참기름으로 무치며, 취, 참나물은 살
   짝 데쳐 소금과 참기름으로 무친다.

6 당근은 곱게 채 썰어 식용유로 볶으면서 소금간을 하며,
   표고는 곱게 채 썰고 양념하여 볶는다.

7 다시마는 행주로 깨끗이 닦고 식용유에 튀겨서 잘게 부
   수어 사용한다.

8 계란은 황백으로 나누어 지단을 부쳐 5cm 길이로 채
   썬다.

9 밥은 그릇의 1/3 정도 되게 담고, 준비된 고명의 색을 맞
   추어 얹는다.

Tip. 고추장은 참기름과 깨소금으로 양념하여 따로 담아낸다.

02 한식 죽 조리

죽의 정의

죽은 곡식에 물을 6~7배가량 붓고, 오래 끓여 무르익게 만든 유동식이다. 죽은 곡물음식에서 가장 원초적인 형태로 재료가 다양하여 곡식만으로 쑤는 것 외에 수조어육류, 채소류 등도 곡식과 같이 섞어서 쑤기도 한다. 그 농도는 쌀의 7~8배의 물을 붓고 끓인다.

죽 조리 시 요령

곡물은 미리 물에 담가서 수분을 충분히 흡수시키고 쌀의 7~8배 정도의 물을 사용한다. 죽을 쑬 때는 두꺼운 재질의 용기가 좋다. 죽을 쑤는 동안에 나무주걱으로 젓고 중불 이하의 불에서 곡물이 완전히 호화가 되도록 오래 끓인다.

재료에 따른 죽의 종류

재료 \ 죽류	죽	미음	응이	암죽
곡물	흰죽, 콩죽, 팥죽, 녹두죽, 흑임자죽, 율무죽 등	쌀미음, 차조미음	율무응이, 수수응이	쌀암죽, 떡암죽
곡물+채소	아욱죽, 콩나물죽, 애호박죽, 근대죽, 호박죽, 무죽 등		연근응이	
곡물+수조어육류	가자미죽, 게죽, 낙지죽, 대합죽, 닭죽, 북어죽, 미꾸라지죽, 홍합죽 등	삼합미음 (해삼, 홍합, 쇠고기)		
곡물+견과류	잣죽, 행인죽, 밤죽, 낙화생죽, 호두죽, 상자죽 등	속미음	오미자응이, 갈분응이	밤암죽
곡물+약이성재료	갈분죽, 송피죽, 보령죽, 문동죽, 연자죽, 산약죽, 송엽죽 등			
곡물+기타재료	대추죽, 인삼죽, 우유죽, 방풍죽, 모과죽 등			식혜암죽

잣죽

필수 재료

잣 1+1/2컵, 쌀(불린 쌀) 1컵, 물 7컵,
소금 1+1/2작은술, 꿀 약간

만드는 법

1. 잣 1컵은 꼬깔을 제거한 후 마른 행주로 깨끗이 닦는다.
   잣에 소량의 물을 가하여 간 후 체에 내린다.
2. 쌀도 갈은 후 체에 내린다.
3. 1과 2를 섞어 나머지 물을 넣어 끓인다. 농도는 수저
   로 떠서 내렸을 때 후루루 떨어지는 정도가 좋다.

흑임자죽

필수 재료

흑임자 1/2컵, 쌀 1컵, 물 7컵, 소금 1작은술

만드는 법

1. 흑임자를 씻어서 물을 조금씩 부어가며 갈아서 겹체에
   받쳐 놓는다.
2. 쌀도 물에 불려서 믹서에 갈아 받쳐 놓는다.
3. 체에 받쳐 놓은 깻물을 냄비에 붓고, 갈아 놓은 쌀물을
   넣은 후 나무 주걱으로 저으면서 끓인다. 소금을 넣어 간
   을 맞춘다.

전복죽

필수 재료

생전복 100g, 쌀(불린 것) 1+1/2컵,
참기름 1+1/2큰술, 물 9컵,
소금 1+1/2큰술, 집간장 1큰술

만드는 법

1 전복은 살아 있는 것으로 구입하여 소금으로 비벼 씻은
   후 곱게 채 썰어 다진다.
2 다진 전복에 참기름과 집간장을 넣고 볶다가 불린 쌀도
   넣어 함께 볶은 후 물을 부어 끓인다. 죽이 톡톡 튀면 다
   된 것이다.

호박죽

필수 재료

청둥호박 400g, 찹쌀가루 1/4컵,
설탕 4큰술, 소금 1작은술,
양대콩 1/2컵, 물 7+1/2컵

만드는 법

1 호박을 잘라 껍질을 벗겨 내고 속의 씨를 손으로 훑어서
   제거한다. 적당한 크기로 잘라 물을 붓고 푹푹 삶는다.
2 삶은 호박을 물 1컵으로 중체에 내린다.
3 찹쌀가루는 1/2컵의 물과 혼합한다.
4 물 내린 호박을 끓인다. 끓기 시작하면 찹쌀가루물을 조
   금씩 저으면서 넣는다.
5 죽이 거의 되면 푹 삶은 양대콩을 넣는다.
6 꺼내기 직전에 설탕과 소금으로 간한다.

Tip. ① 죽의 농도는 조르륵 흘러야 한다. 풀처럼 뚝뚝 떨어지면 안 된다.
    ② 호박은 서리를 맞아야 달다.
    ③ 호박은 무거운 것을 선택해야 한다.

국(탕)의 정의

국은 탕이라고도 하며 국물과 건더기의 비율이 7 : 3 정도로 구성되어 각자 그릇에 담아 먹는 것이다. 조리법으로 분류하면 맑은장국, 토장국, 곰국으로 대별할 수 있다.

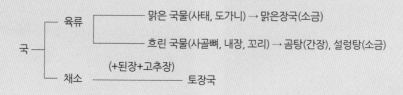

```
           ┌─ 육류 ──┬─── 맑은 국물(사태, 도가니) → 맑은장국(소금)
           │         │
    국 ─────┤         └─── 흐린 국물(사골뼈, 내장, 꼬리) → 곰탕(간장), 설렁탕(소금)
           │         (+된장+고추장)
           └─ 채소 ─────── 토장국
```

국의 분류

곰탕

필수 재료
소머리 1/4개, 소족 1/2개, 사골 1/2개, 도가니 1개,
양지머리 300g, 사태 300g, 대파 1/2단, 마늘 6쪽,
생강 1톨, 물 적당량

만드는 법
1 사골, 도가니 소머리, 소족은 깨끗이 손질한 후 찬물에 1
   시간 이상 담가 핏물을 뺀다.
2 냄비에 물을 넣고 끓이다가 1의 재료를 넣고 끓어오르
   면 채반에 건져 놓고 물은 버린다.
3 냄비에 위의 재료를 넣고 푹 고아 거품은 걷어 내고 대
   파, 통마늘, 생강 등을 함께 넣고 끓인다.
4 고기가 적당히 무르게 익으면 건져서 수육으로 썰어 놓
   는다.
5 간은 미리 맞추지 않고, 소금, 후춧가루, 송송 썬 파를 따
   로 곁들여 낸다.

삼계탕

필수 재료
영계(500~600g 정도) 1마리, 찹쌀 1/4컵, 마늘 3쪽, 대추 3개,
황률 3개, 수삼 1뿌리, 물 적당량, 소금/후춧가루 적당량씩

닭 육수 양념장
소금 2작은술, 생강즙 1작은술, 후춧가루 약간

만드는 법
1 영계는 꽁지 쪽을 갈라서 내장을 빼낸 다음 불순물을 말
   끔히 긁어 낸 후 깨끗이 씻어서 세워서 물기가 잘 빠지
   도록 한다.
2 찹쌀은 깨끗이 씻은 후 물에 불렸다가 건져 물기를 뺀다.
3 마늘은 꼭지 따서 준비하고 대추는 씨를 발라 놓고 수삼
   은 깨끗이 씻어 놓는다.
4 닭의 뱃속에 불린 찹쌀과 마늘, 수삼 대추, 황률을 넣고
   갈라진 자리를 실로 묶어 고정시키거나 꼬치로 고정시
   킨다.
5 냄비에 닭을 안치고 물을 붓고 끓인다. 물이 팔팔 끓으면
   불을 약하게 줄인 다음 1시간 정도 더 끓인다.
6 닭이 익으면 건져서 대꼬치를 뽑아 낸 후, 국물에 소금,
   생강즙, 후춧가루를 넣고 간을 맞춘다.
7 그릇에 닭을 담고 국물을 다시 끓여 붓고, 소금, 후춧가
   루, 송송 썬 파를 곁들인다.

임자수탕

필수 재료

참깨 1큰컵
닭 1마리(마늘 3톨, 파 30g, 생강 7g)
소고기 150g
두부 50g(간장 2작은술, 파 2큰술, 설탕 1작은술,
깨소금 1작은술, 소금 1작은술, 마늘 3작은술,
후춧가루 1작은술, 참기름 3작은술)
오이 1개
미나리 50g
계란 2개
석이 3g
실백 2큰술
녹말가루 2큰술
표고 3개
당근1/3개
밀가루 3큰술

만드는 법

1 깨는 깨끗이 씻어 거피를 한 후 볶는다.

2 닭은 준비된 마늘, 파, 생강을 넣고 삶은 후 국물을 걸러
내어 깨와 같이 갈아서 소금으로 간하여 체에 내린다. 닭
고기는 5cm 길이로 찢어 놓는다.

3 소고기는 다지고 두부는 거즈로 짜서 물기를 제거한 후
다진 소고기와 양념으로 완자를 빚은 후 밀가루와 계란
을 입혀 굴리면서 지진다.

4 표고, 당근은 2cm×4cm로 얇게 썰어 표고는 소금, 참기
름으로 볶고, 당근은 살짝 데친다.

5 오이는 3등분하여 씨는 버리고 2cm×4cm로 썰어 녹말
묻혀 데친다.

6 미나리는 초대를 부쳐 2cm×4cm 크기로 자른다.

7 계란은 황백 지단으로 부쳐 2cm×4cm 크기로 썬다.

8 석이는 깨끗이 씻어 다져 계란 흰자위와 섞어 지단으로
부쳐 2cm×4cm크기로 썬다.

9 대접에 닭고기 넣고 고명을 돌려 담고 가운데에는 완자
를 넣고 준비한 깻국을 얹어 낸다.

생채의 정의

생채는 익히지 않고 날로 무친 나물로 계절마다 새로 나오는 채소나 산나물을 그대로 먹을 수 있도록 초고추장, 된장, 소금에 무친 것이다.

회 · 숙회의 정의

생회는 채소, 어패류, 육류 등을 초간장이나 초고추장에 찍어 먹으며, 숙회는 녹말가루를 묻혀 끓는 물에 데쳐서 초간장이나 초고추장에 찍어 먹는다.

도라지생채

필수 재료

도라지 200g, 마늘 1작은술,
소금 1큰술, 깨소금 1작은술,
고춧가루 2작은술, 설탕 2작은술,
파 2작은술, 식초 3큰술,
참기름 1작은술, 고추장 2작은술

만드는 법

1 도라지를 찢은 후 6cm 정도로 썰고, 소금 1큰술을 넣어
   바락바락 주무른다. 숨이 죽으면 찬물에 담가 둔다(10~
   15분 정도).

   ※ 찬물에 담그는 이유는 염분과 쓴맛을 빼기 위해서이다.

2 도라지를 비틀지 말고 꼭 짜서 고춧가루를 넣어 물을 들
   인다.

3 파 흰부분 다진 것과 마늘 다진 것을 넣는다.

4 깨소금을 넣는다.

5 설탕과 식초의 양을 조절해 넣어 새콤달콤한 맛이 나게
   한다.

더덕생채

필수 재료

더덕 200g, 고춧가루 1+1/2작은술,
고추장 3작은술, 국간장 1작은술,
소금 조금, 파 2작은술, 마늘 2작은술,
설탕 1큰술, 깨소금 1작은술,
참기름 2작은술, 식초 3작은술

만드는 법

1 더덕 껍질을 깐 후 물에 담갔다가 칼등으로 두들겨 폭폭
   하게 만들어서 길이 4cm가 되게 찢어 놓는다.

2 준비된 더덕에 고춧가루를 넣어 물을 들인다.

3 파와 마늘은 곱게 다지고, 나머지 양념들과 잘 혼합하여
   2의 더덕을 무쳐 낸다.

오이생채

필수 재료
오이 1개, 소금 약간, 설탕 3작은술, 깨소금 1/2큰술

양념장
파 2작은술, 마늘 2작은술,
간장 약간, 식초 2작은술,
고춧가루 또는 고추장 1큰술,
참기름 1/2큰술

만드는 법
1 오이는 손질 후 통썰기하여 소금에 절인다(껍질이 날카로운 것은 제거한 후 소금으로 비벼 씻음).
2 절여진 오이를 꼭 짠다.
3 물기를 뺀 오이에 준비된 양념장을 넣고 무친다.

겨자채

필수 재료
양배추 50g, 당근 50g, 배 1개, 계란 1개, 편육 150g,
오이 80g, 밤(깐 것) 50g, 실백 1큰술, 식초 1+1/2큰술

겨자즙
겨자 1큰술, 소금 2작은술, 농축우유 1큰술

만드는 법
1 양배추는 한 장씩 떼 내어 씻은 후 연한 부위만 1.5cm ×4cm 크기로 썬다.
2 오이, 당근, 배는 4cm 길이로 토막 내어 양배추 크기로 썬다(껍질 그대로).
3 밤은 얇게 통썰기하고, 실백은 비늘잣을 낸다. 편육도 1.5cm×4cm 크기로 썬다.
4 겨자를 미지근한 물에 되게 개어 뜨거운 냄비 위에 엎어 매운 맛을 낸다(10분).
5 매운 맛을 낸 겨자에 소금, 설탕, 식초를 넣어 갠다.
6 그릇에 배를 제외한 나머지 재료를 섞고, 겨자즙을 넣어 무친 후 농축 우유를 넣는다. 상에 낼 때 배를 넣고, 계란지단을 1.5cm×4cm로 썰어 담고 비늘잣을 얹어 낸다. 약간 매콤한 것이 좋다.

Tip. 농축우유는 부드러운 맛을 준다.

육회(肉膾)

필수 재료

우둔살 500g, 배(大) 1개, 마늘 3톨, 간장 1큰술, 파 2큰술,
깨소금 2큰술, 참기름 2큰술, 설탕 2큰술, 꿀 1큰술,
후추 약간, 소금 약간

만드는 법

1 우둔살은 채 썰어 양념하고 배는 채 썰어 설탕물에 담궜
   다 뺀다.

2 마늘은 편 썰기 한다.

3 양념한 고기를 가운데 담고 돌려가며 배와 마늘로 예쁘
   게 담아낸다.

Tip. 육회는 반드시 소의 살코기로 만들어야 하며, 내장류인 양·처녑·간·콩
팥·염통을 쓸 때는 냄새를 없애기 위해 소금으로 깨끗이 씻은 후 사용
한다.

미나리강회

필수 재료

미나리 250g, 편육(양지머리 또는 사태) 120g,
붉은고추 3개, 계란 2개, 잣 1큰술,
소금 1/2작은술

양념고추장

고추장 3큰술, 설탕 1/2큰술, 식초 1큰술,
육수물 1큰술, 꿀 1/2큰술

만드는 법

1 미나리의 잎과 뿌리를 제거한 후 데친다(실파도 사용).

2 사태나 양지머리 편육을 3cm×0.5cm×두께 3mm 크기
   로 썰어 둔다.

3 붉은고추는 2보다 약간 작게, 계란 지단은 편육 크기로
   썬다.

4 미나리 데친 것에 편육, 붉은고추, 지단을 넣어 묶는다.
   이때 잣을 한 개 꼽는다.

5 대접할 때는 양념고추장과 함께 낸다.

05

숙채의 정의

숙채는 물에 데치거나 기름에 볶아서 익힌 나물요리이다.

삼색나물

필수 재료
① **고사리나물** - 고사리 200g, 쇠고기 30g, 고기양념(파 1작은술, 마늘 1/2작은술, 후추 약간, 깨소금, 참기름 1/2큰술), 소금 약간, 식용유 1큰술
② **도라지나물** - 도라지 200g, 파 1작은술, 마늘 1/2작은술, 참기름 1큰술, 식용유 1큰술, 소금 약간
③ **시금치나물** - 시금치 1단, 간장 1큰술, 파 1작은술, 마늘 1/2작은술, 참기름 2작은술, 깨소금 1큰술, 소금 약간

만드는 법
① **고사리나물**
1 고사리를 끓는 물에 살짝 데친다.
2 찬물에 헹군다.
3 억센 줄기는 자르고 길이는 5cm 정도로 자른다.
4 쇠고기는 곱게 채 썰어 양념한다.
5 **3**, **4**를 같이 넣고 볶는다. 물 또는 육수 2큰술 정도를 넣고, 촉촉한 나물이 되도록 뚜껑을 덮는다.
6 참기름을 둘러 한번 뒤적여서 깨소금을 약간 뿌린다.

② **도라지나물**
1 도라지에 소금을 넣어 주무르면 뻣뻣했던 것이 부드러워지고 쓴맛이 약간 빠진다.
2 물에 헹구어 낸 다음 가늘고 곱게 찢는다.
3 가볍게 짠 다음 팬에 식용유를 붓고 볶는다.
4 파의 흰 부분과 마늘을 곱게 다져 놓은 것을 **3**에 넣어서 같이 볶는다.
5 소금으로 간을 하고 참기름을 둘러 한번 뒤적여서 깨소금을 뿌려 꺼낸다.

③ **시금치나물**
1 끓는 물에 줄기를 넣고 가볍게 뒤집어 살짝 데친다.
2 길이 5cm 정도로 다듬는다.
3 간장+파+마늘+소금을 넣어 버무린다.
4 마지막에 참기름을 넣고 살짝 버무린 다음 깨소금을 뿌려 준다.

탕평채

필수 재료

청포묵 1모, 쇠고기 100g, 숙주 50g,
미나리 60g, 김 1장, 계란 1개

쇠고기 양념

간장 2큰술, 참기름 2작은술,
파 2작은술, 마늘 1작은술,
깨소금 1작은술, 설탕 1큰술,
후춧가루 1작은술

양념간장

진간장 3+1/2큰술, 파 1큰술,
마늘 1/2큰술, 설탕 3작은술,
식초 3작은술, 깨소금 1큰술,
참기름 1큰술

만드는 법

1. 청포묵은 끓는 물에 살짝 데쳐 껍질을 벗기고 굵게 채 썬다.
2. 쇠고기는 곱게 채 썰어 양념하여 볶는다.
3. 숙주는 머리와 꼬리를 떼고 데친다.
4. 미나리는 줄기만 5cm 길이로 썰어 데친다.
5. 김은 구워 가늘게 자른다.
6. 계란은 황백으로 나눠 지단을 부쳐 채 썬다.
7. 먹기 직전에 양념장과 준비된 재료들을 잘 섞어 낸다.

구절판(九折坂)

구절판은 찬합에 담는 한국음식으로 크게 궁중식과 민간식으로 구분되며, 또 진 구절판과 마른 구절판의 2가지로 나눈다. 구절판은 요리를 담는 기명(器皿)을 말하기도 하는데, 둘레에 8개의 칸과 가운데 1개의 칸으로 모두 9가지를 담을 수 있게 되어 있는 목기로, 대개 나전칠기로 만들어져 미술 공예품으로도 귀하게 여겨진다.

필수 재료
① **구절판** - 쇠고기 300g, 숙주 150g, 표고 30g, 석이 20g,
　　　　　 오이 1 1/2개, 당근 1개, 달걀 4개
② **밀전병** - 밀가루 1컵, 난백 1개, 물 1컵, 소금 1/2작은술
③ **초간장** - 간장 1큰술, 물 1/2큰술, 잣가루 1작은술, 식초 1큰술

만드는 법
1 쇠고기는 곱게 채 썰고, 표고는 기둥을 떼고 저며서 가늘게 채 썬다.

2 파, 마늘을 다져서 간장, 설탕, 깨소금, 참기름, 후춧가루를 합하여 양념간장을 만들어서 쇠고기와 표고를 양념한다.

3 오이는 4cm 길이로 토막 내어 껍질부분과 살을 돌리면서 얇게 떠서 채 썰어 소금에 절였다가 꼭 짠다. 당근도 5cm로 토막 내어 채 썰고 참기름, 소금으로 볶는다.

4 석이는 더운 물에 담갔다가 불려서 비벼 씻어 채 썰고, 참기름, 소금으로 볶는다.

5 계란은 황백으로 나누어 풀어서 소금을 약간 넣고 지단을 얇게 부쳐서 채 썬다.

6 숙주는 거두절미하고 살짝 데쳐서 참기름과 소금으로 양념한다.

7 밀가루에 소금을 넣어 묽게 풀어 기름을 약간 두르고 구절판의 가운데 칸에 맞는 크기로 얇게 밀전병을 부친다.

8 팬을 달구어 야채부터 볶은 후 각각 식히고, 표고와 쇠고기도 볶아서 구절판틀 가장자리에 각각 담는다.

9 먹을 때는 밀전병을 작은 접시에 한 장을 담고, 여덟 가지 찬을 조금씩 얹어 초간장을 찍어 싸서 먹는다.

06

한식 면 · 만두 조리

만두(饅頭)의 정의

밀가루 또는 메밀가루 등의 반죽으로 껍질을 만들어 고기나 두부 또는 김치 등으로 버무린 소를 넣고 찌거나 튀긴 음식이다.

만두란 말은 「영접도감 의궤」 1643년에 처음으로 나오는데 중국에서 온 사신을 대접하기 위하여 특별히 만들었고 그 후에는 궁중의 잔치에도 종종 차렸다고 한다.

우리나라에서는 밀가루 반죽을 얇게 밀어서 소를 넣은 것을 만두라고 하지만 중국에서는 이를 교자라고 하고, 밀가루 반죽을 발효시켜 지금의 호빵처럼 껍질을 두껍게 만든 것을 만두라고 한다. 특히 고기나 팥소가 들어간 것은 포자(빠오즈)라 하고, 소를 넣지 않은 것을 만두라고 한다.

익히는 방법에 따라 찐만두 · 군만두 · 물만두 · 만두국 등으로 나뉘고, 모양에 따라 귀만두 · 둥근만두 · 미만두 · 병시(餠匙) · 석류탕 등으로 나누어진다. 특히 미만두는 예전에 궁중에서 해먹던 음식으로 해삼의 생김새처럼 주름을 잡아 만든 데서 생긴 이름이고, 병시는 숟가락 모양을 닮은 데서, 석류탕은 석류처럼 생긴 데서 붙은 이름인데, 옛날에는 궁중에서만 만들어 먹던 음식이다.

면류의 정의

밀가루 · 메밀가루 · 감자녹말 등을 반죽하여 얇게 밀어서 가늘게 썰든지 국수틀에 넣어서 가늘게 빼낸 것을 삶아 국물에 말거나 비벼 먹는 음식의 총칭이다. 또한 면(麵)이라고도 한다. 국수는 제조방법이나 조리가 비교적 간단하기 때문에 빵보다도 역사가 깊어, BC 6000~5000년경에 이미 아시아 지방에서 만들기 시작했다고 한다. 한국에서도 아주 오래 전부터 국수를 만들어 먹었으나, 밀의 생산이 많지 않았기 때문에 상용음식이 되지는 못하였다. 메밀국수나 밀국수는 생일 · 혼례 등 경사스러운 날의 특별 음식이 되었는데, 이것은 국수의 길게 이어진 모양과 관련하여 생일에는 수명이 길기를 기원하는 뜻으로, 혼례에는 결연(結緣)이 길하기를 원하는 뜻으로 쓰였다.

재료에 따라 밀가루로 만든 밀국수 · 소면(素麵) · 마카로니, 메밀가루로 만든 메밀국수, 감자의 녹말로 만든 당면 등이 있고, 반죽하여 뽑아낸 면을 수분이 14~15% 정도가 되게 건조시킨 건면(乾麵), 반죽한 것을 끈 모양으로 만들어 가열한 생면(生麵), 생면을 삶은 다음 기름에 튀기거나, 그대로 뜨거운 바람으로 건조시켜 녹말을 알파화(α化)한 석면 등이 있다.

만드는 방법도 여러 가지인데, 칼국수와 같이 얇게 민 반죽을 칼로 가늘게 자른 것, 소면이나 중국면 같이 반죽을 잡아당겨 가늘게 뽑은 것, 마카로니와 같이 강한 압력으로 뽑아낸 것 등이 있다. 한국의 전통적인 면 요리에는 온면(국수장국)·냉면·비빔국수·칼국수·콩국수 등이 있다. 궁중에서는 백면(白麵 : 메밀국수)을 가장 상(上)으로 쳤다고 하며, 국물은 꿩고기를 삶은 육수를 썼다고 한다. 여름에는 동치미국과 양지머리 육수를 섞어 식혀서 만든 냉면을 만들어 먹었다고 한다. 민간에서는 냉면 대신 흰 콩과 흰 깨를 갈아서 만든 콩냉국에 밀국수를 말아서 먹기도 하였다. 서울 지방에서는 혼례·빈례(賓禮)용으로는 메밀가루와 녹두녹말을 섞어서 반죽하여 국수틀에 가늘게 뽑아서 만든 국수를 썼다.

국수장국

필수 재료
말린 밀국수 500g, 애호박(大) 1/3개,
쇠고기(양지머리) 300g, 계란 2개, 표고 3장,
석이버섯 3g, 실고추 약간

양념장
간장 1+1/2큰술, 후춧가루 1/8작은술, 파 1큰술,
설탕 1큰술, 마늘 1/2큰술, 참기름 1큰술,
깨소금 1큰술, 육수 1큰술

Tip. ① 국수의 중량 변화
- 마른 국수 : 600g
- 삶은 후 : 1765g
- 1인분 : 252g(삶은 국수)
② 장국 위에 얹는 고기는 간장을 너무 많이 하여 양념을 하면 장국 위로 간장이 배어 나오기 때문에 좋지 않다.
③ 온면은 삶아 놓은 국수를 반드시 끓는 장국에 넣어 토렴하여서 다시 더운 장국을 부어 대접해야 한다. 국수음식은 불으면 면발이 탄력이 없고 맛이 없어진다. 국수상의 반찬 등으로는 전유어 편육 등과 배추김치가 어울린다.

만드는 법
1. 국수 삶는 법−10배의 물을 끓여서 국수를 부채살같이 벌려 넣고 한번 저어 준다. 끓어 오르면 물을 조금 넣고 끓인 후 건져서 찬물에 여러 번 헹궈 사리를 만든다(국수는 나중에 삶아야 붇지 않는다).
2. 쇠고기 편육은 식혀 무거운 것으로 눌렀다가 얇게 썬다.
3. 쇠고기는 양념하여 표고와 같이 볶는다.
4. 표고는 곱게 채 쳐서 쇠고기와 함께 볶는다.
5. 애호박은 채 썰어 소금에 절였다가 꼭 짠 다음 볶는다(선명한 색으로). 꺼내기 직전에 깨소금, 참기름을 넣는다(오이 껍질 썰기처럼 돌려 깎기하여 사용할 수도 있다).
6. 계란은 황백지단을 부쳐 5cm 길이로 채 썬다.
7. 석이버섯은 참기름과 소금에 양념하여 두었다가 볶는다.
8. 실고추는 뜯어서 위에 올린다.
9. 준비된 재료를 그릇에 담고 육수에 간을 하여 먹는다. 육수의 간은 너무 싱겁지 않도록 한다.

만두국

필수 재료

밀가루 1컵, 소금 2g, 소고기 80g, 두부 30g, 숙주 50g, 배추김치 60g, 미나리 1줄기, 달걀 1개, 국간장 2작은술, 소금 약간, 식용유

고기 양념장

다진파 1/2큰술, 다진 마늘 2작은술, 소금 1/3작은술, 깨소금, 참기름 , 후추

만드는 법

1. 밀가루는 체에 친 다음 덧가루 남기고 소금물로 반죽하여 1회용 비닐 팩에 넣고 숙성시킨 후 얇게 밀어서 직경이 8cm가 되도록 둥근 모양으로 밀어 만든다.

2. 소고기의 2/3는 곱게 다지고, 나머지 1/3은 대파, 마늘을 넣어 육수를 만든다.

3. 두부는 물기를 짜서 칼등으로 곱게 으깨고, 숙주는 소금물에 데친 후 곱게 다지고, 김치도 속을 털어 낸 후 다져서 숙주와 함께 꼭 짠다.

4. 다진 소고기와 3을 합하여 소금 다진 파, 마늘, 깨소금, 참기름, 후추로 양념하여 고루 섞어 소를 만든다.

5. 양념한 소를 만들어 만두피에 싸서 만두를 빚는다.

6. 미나리는 초대를 만들고, 달걀은 황백 지단으로 부친 후 마름모꼴로 썬다.

7. 육수는 소금과 청장으로 간을 하고, 그 육수가 끓을 때 빚은 만두를 넣고 떠오를 때까지 익힌 후 그릇에 담는다.

규아상

필수 재료

밀가루 1+1/2컵, 오이 1+1/2개, 쇠고기 100g, 표고버섯 3장, 잣 1/2컵, 담쟁이잎 15장

만드는 법

1. 밀가루에 소금을 조금 넣고 반죽하여 랩에 20분 정도 싸 두었다가 얇게 밀어, 직경 7cm 정도 되게 둥글게 찍어 내어 껍질을 준비한다.

2. 오이는 4cm 길이로 토막 내어 얇게 돌려 깍기하여 곱게 채 썰어 소금에 잠깐 절였다가 팬에 살짝 볶아 낸다.

3. 쇠고기는 곱게 채 썰어서 양념(진간장 1큰술, 파 2작은술, 마늘 1작은술, 설탕 1작은술, 후춧가루 1/2작은술, 깨소금 1+1/2작은술, 참기름 1+1/2작은술)하여 볶는다.

4. 표고는 얇게 포를 떠서 곱게 채 썰어 쇠고기 볶은 팬에 남은 국물에 볶는다.

5. 규아상 속은 2+3+4를 잘 섞어 준비된 피에 넣고, 잣 2개씩을 넣어 잘 빚어서 찜통에 담쟁이잎을 깔고 찐다.

6. 다 쪄진 후 먹을 때는 초간장을 곁들인다.

냉면

필수 재료
동치미 무 1/4쪽(200g), 오이 1/3개, 배 1/6개, 삶은 달걀 1개,
홍고추 1/2개, 메밀국수(냉면용) 100g

육수
소고기(양지머리)200g, 물 10컵, 대파 1/2대, 양파 1/2개,
배 1/8개, 사과 1/8개, 마늘 3쪽, 생강 1톨, 통후추 1작은술

동치미 육수
동치미 국물 5컵, 육수 5컵, 설탕 2큰술, 식초 2큰술,
소금 1큰술, 겨자집 1/2큰술

만드는 법
1. 양지머리는 찬물에 담가 핏물을 제거한 후 덩어리째 씻어서 끓는 물에 파, 마늘, 통후추를 함께 넣어 끓인다. 고기가 푹 무르게 삶아지면 건져서 편육으로 하고, 육수는 면보에 걸러 차게 식힌다.
2. 동치미 무는 5cm~6cm×2cm 정도의 크기로 얇게 썬다. 오이를 반으로 갈라 썰어 소금에 잰 후 기름에 파랗게 볶아 놓는다.
3. 배는 껍질을 벗긴 후 동치미 무의 크기로 납작하게 썬다.
4. 달걀은 소금과 식초를 넣고 달걀을 노른자가 가운데 오도록 완숙으로 삶아서 반으로 가른다.
5. 차갑게 식힌 육수와 동치미 국물을 합한 후 소금과 식초, 설탕을 약간 넣어 간을 맞춰 놓는다.
6. 냉면 위에 올릴 꾸미와 냉면 육수가 준비가 다 되면, 냄비에 물을 넉넉히 넣고 끓여 냉면 국수를 삶아 찬물에 여러 번 헹군 후 사리를 지어 채반에 건져 물기 제거한다.
7. 그릇에 냉면 사리를 담고 위에 준비한 꾸미를 고루 얹어 냉면 육수를 살며시 붓는다.
8. 입맛에 따라 겨자즙, 설탕, 식초 등을 곁들여 낸다.

조림의 정의

어패류·육류·두부·채소·건어 등의 재료에 간을 하여 약한 불에서 오래 익힌 요리이다. 약간 달게 국물 없이 졸이는데, 생선 중에 특히 비린내가 심한 것은 고추장을 가미한다. 또 생강은 비린내를 제거하고 감칠맛을 돋우어 주는 역할을 한다. 너무 센불에서 졸이지 말고 끓기 시작하면 약한 불에서 오래 졸이는 것이 타지 않고 잘 무르면서 양념이 골고루 배어서 좋다. 너무 국물이 졸아서 볶은 듯한 것도 좋지 않고, 촉촉한 맛이 있어야 한다. 졸일 때는 눋기 쉬우므로 자주 보아 불 조절을 잘하고 눋지 않도록 한다.

초의 정의

초는 집진간장으로 조리하여, 조림 국물에 녹두 녹말을 풀어 넣어 재료에 엉기도록 한 요리이다. 종류에는 전복초, 홍합초, 대구초, 해삼초, 마른조갯살초 등이 있다.

장조림

필수 재료

쇠고기(홍두깨 또는 아롱사태) 300g,
간장 3큰술, 마늘 5쪽, 생강 5g,
풋고추 3개, 설탕 2큰술, 건고추 1개,
잣가루 1작은술

만드는 법

1 결체조직이 많은 고기에 잠길 정도로 물을 부어 1시간
   정도 삶아, 젓가락으로 찔러 보아서 쉽게 들어가면 간장
   과 설탕을 넣는다.

2 마늘, 풋고추, 생강, 건고추를 넣고 끓여 색이 거무스름
   해질 때까지 조린다.

3 잣가루를 뿌려 낸다.

연근조림

필수 재료

연근 1뿌리(300g), 식초물(식초 15㎖, 물 500㎖)

양념장

간장 3큰술, 설탕 1큰술, 물엿 2큰술,
마늘 3쪽, 생강 1톨, 대파 1/4대, 건홍고추 2개,
후추, 참기름, 통깨, 물 1컵

만드는 법

1 연근은 깨끗이 씻어 껍질을 벗긴 후 0.4cm~0.5cm 두
   께로 썬 다음 식초물에 담근다.

2 냄비에 물을 붓고 연근을 살짝 데친다.

3 양념장을 만든 후 냄비에 연근을 넣고 중간 또는, 약한
   불에서 조린다.

4 국물이 거의 없어질 때까지 조린 뒤 부재료(건고추, 마늘
   편, 생강편, 대파)는 건져 낸다.

5 불을 끄고 참기름과 통깨를 넣고 마무리한 후 그릇에 담
   는다.

전복초

필수 재료

전복 300g, 쇠고기 50g

① 간장 3큰술, 설탕 2큰술, 물 1컵, 마늘·생강 각 1톨,
흰파 1뿌리, 후춧가루 약간

② 녹말가루 1큰술, 물 1큰술, 참기름 1작은술,
잣가루 1작은술

만드는 법

1 전복을 손질하여 살짝 씻어 끓는 물에 데쳐낸다.

2 쇠고기는 납작하게 저며 썰고, 마늘·생강을 납작하게
저미고, 파는 3cm로 토막낸다.

3 냄비에 ①의 간장·설탕·물을 합하여 담고, 마늘·생
강·파와 쇠고기를 한데 넣고 불에 올려 끓인다.

4 장물이 다시 끓어오르면 전복을 넣어 약한 불에서 서서
히 조린다. 조리는 도중에 장물을 끼얹어 전체에 고루
간이 배도록 한다.

5 꺼내기 전에 ②를 잘 혼합하여 전복에 둘러서 꺼낸다.

홍합초

필수 재료

생홍합 100g, 간장 40mℓ, 설탕 8g, 파(중) 1뿌리,
후추 2g, 참기름 2mℓ, 마늘 2쪽, 생강 1쪽

만드는 법

1 생홍합은 지푸라기 같은 폐기물을 떼어내고 소금물에
씻어 끓는 물에 데쳐낸다.

2 파는 흰부분의 것을 2cm 길이로 썰고 마늘, 생강은 편
으로 썰어 놓는다.

3 냄비에 간장, 설탕, 물을 넣어 끓이면서 데친 홍합을 넣
고 중불에서 조리다가 마늘, 생강을 넣어 서서히 윤기나
게 조린다.

4 국물이 거의 졸면 파를 넣어 살짝 익히고 참기름을 넣어
고루 섞은 다음 냄비에서 걸쭉하고 윤이 나게 조린다.

Tip. ① 껍질이 있는 홍합일 경우에는 먼저 겉을 씻어 끓는 물에 데쳐서 입이
벌어지면 속의 홍합을 떼어 사용하면 손쉽다.
② 오래 졸여서 홍합이 질기지 않아야 한다.

08
한식 볶음 조리

볶음의 정의

볶음은 국물이 거의 없고 오래 끓이지 않기 때문에 재료 자체의 맛이 빠져 나가지 않아 동물성 식품과 식물성 식품 모두 적당하다. 기름은 약간 많은 편이 좋으며 눋지 않도록 조심해야 한다. 전골과 비슷하나 전골이 즉석에서 끓여 먹는 음식인 반면에, 볶음은 주방에서 볶아서 뚜껑 있는 그릇에 담아서 식지 않게 내놓는다는 점이 다르다. 재료는 고기·내장·새우·버섯 등이 사용되며 국물이 거의 없이 볶는다는 점이 특색이고, 재료만 다를 뿐 조리 방법은 같다.

볶음에는 건열 볶음과 습열 볶음 방법이 있다. 건열 볶음에는 고추장볶음·멸치볶음·새우볶음·조갯살볶음·오징어채볶음·쥐치채볶음 등이 있고 습열 볶음에는 낙지볶음, 우엉볶음, 제육볶음 등이 있다.

조리법은 고기·채소·건어·해조류 등을 손질하여 썰어서 200℃ 이상의 고온에서 재료를 볶아야 물기가 흐르지 않으며, 기름에만 볶는 방법과 볶으면서 간장·설탕 등으로 조미하는 방법이 있다. 볶음은 궁중에서는 복점(卜占)이라고 표기했으며 1827년(순조 27) 순조의 모후인 김씨를 위한 잔칫상에 전복볶이가 한 번 차려졌다.

"음식지미방"에는 양숙(熟)·가제육이 처음 기록되었고, "연세대규곤요람"에 떡볶이, "시의전서"에 떡볶이·묵볶이가 기록되어 있다. 볶음에 사용된 재료와 양념은 수육류는 우육(숙육·등심살)·제육·양·처녑, 채소류는 당근·미나리·부추·황화채·애호박(애호박오가리)·풋고추·옥총·붉은고추·콩나물이었다. 버섯류는 표고·석이·느타리·송이였고, 난류는 계란, 콩제품은 껍질강낭콩·두부이다.

종류는 염통볶음·콩팥볶음·양볶음·처녑볶음·간볶음·각색볶음·제육볶음·떡볶음·영계볶음·생치볶음·애호박볶음·싸리버섯볶음·대하볶음·낙지볶음·고추볶음 등이 있다.

낙지볶음

필수 재료

낙지 2마리, 소금, 밀가루, 양파 1개, 청고추 2개,
홍고추 1개, 식용유 1큰술

양념장

간장 1작은술, 고추장 1큰술, 고춧가루 2큰술, 설탕 1큰술,
다진 파 1큰술, 다진 마늘 1/2큰술, 다진 생강 1/2작은술,
물엿 1/2큰술, 후춧가루 약간, 참기름 1큰술

만드는 법

1. 낙지는 머리를 뒤집고 내장과 눈은 떼어 낸 후, 소금과
   밀가루를 넣고 바락바락 주물러 깨끗이 씻는다.
2. 머리는 폭 2cm 정도로 썰고, 다리는 길이 7~8cm 정도
   로 썬다.
3. 양파는 손질하여 깨끗이 씻은 후 폭 1cm 정도로 썰고
   청·홍고추도 씻어서 어슷썬다.
4. 적당량의 양념장을 만든다.
5. 팬을 달구어 식용유를 두르고, 양파를 넣고 1/2정도 익
   을 때까지 볶다가 낙지와 양념장을 넣고 볶는다.
6. 낙지가 익으면 청고추, 홍고추와 참기름을 넣고, 살짝만
   더 볶아 준다.

제육볶음

필수 재료

돼지고기(돼지목살) 200g, 양배추 1장(30g),
양파 1/4개, 풋고추 1개, 홍고추 1개, 대파 1/2대,
당근 1/8개, 청주 1큰술, 식용유 1큰술

양념장

고추장 2큰술, 고춧가루 2작은술, 진간장 1작은술, 설탕 1큰술,
마늘 1/2큰술, 참기름 1/2큰술, 깨 약간, 후춧가루 약간,
다진 생강 1작은술, 꿀 1큰술, 생강즙 2작은술, 청주 1큰술, 물 2.5ℓ

만드는 법

1. 돼지고기는 0.3cm 두께로 썰어 청주, 소금, 후춧가루를
   뿌려 10분 정도 재워 둔다.
2. 적당량의 양념장을 만든 다음에 **1**의 돼지고기를 넣고
   조물조물 버무려 재운다.
3. 양념에 재운 돼지고기는 20~30분 정도 재우도록 한다.
4. 양배추와 당근, 양파는 사방 한입(3cm×4cm 정도) 크기
   로 썰고, 대파, 청고추, 홍고추는 어슷썬다.
5. 달군 팬에 식용유를 두르고 재워 둔 돼지고기를 넣고 볶
   는다.
6. 돼지고기가 반쯤 익으면 당근, 양배추, 양파, 홍고추, 대
   파, 청고추를 넣고 마저 볶는다.

09

한식 전·적 조리

전(煎)의 정의

전은 전유화, 전유어, 전유아라고도 하며 팬에 기름을 두르고 고기, 생선, 채소 등을 밀가루와 계란을 혼합하여 지진 음식이다.

적(炙)의 정의

적은 생선, 고기, 채소 등을 꼬치에 꿰어서 기름에 지져 내거나 밀가루, 계란을 씌어 지져 내는 음식이다.

생선전 & 표고전

필수 재료
동태 1마리, 달걀 2개, 식용유, 밀가루 2큰술,
쑥갓 3g, 소금 약간

초간장
간장 1큰술＋식초 1큰술＋물 1/2큰술＋잣가루 약간

만드는 법

1 동태는 머리를 떼어 내고 지느러미를 잘라 낸다.

2 창란을 훑고 위 속을 칼로 깨끗이 긁은 후, 석장 뜨기하
여 껍질을 벗긴다(꼬리를 잡고 칼을 뉘어 벗긴다).

3 후춧가루, 소금을 뿌려 10분간 스며들도록 한다.

4 밀가루와 달걀(황·백 구분해서)을 묻혀서 기름에 지진
다(기름은 너무 많이 사용하지 않는다). 딱딱한 상태가
익은 것이다.

5 지지면서 위에 쑥갓을 놓고 부친다(풋고추, 실파 등을 이
용해도 된다).

6 전에는 초간장을 곁들인다.

필수 재료
표고버섯 8장, 쇠고기 80g, 두부 30g, 진간장 1/2작은술,
소금 1/2작은술, 파 1큰술, 마늘 1작은술, 설탕 1작은술,
깨소금 1/2작은술, 후춧가루 1/8작은술, 참기름 2작은술,
밀가루 2큰술, 계란 1개, 식용유 약간

만드는 법

1 표고는 불려 기둥을 제거하고 깨끗이 씻어 물기는 꼭 짜
둔다.

2 고기는 곱게 다져서 양념하고, 두부는 물기를 짜내고 섞
는다.

3 표고 안쪽에 **2**를 얌전하게 넣고 밀가루를 얇게 입힌 후
계란물을 입혀 지져 낸다.

4 등부분은 깨끗하게 지져 꺼낸다.

Tip. 초간장 - 진간장 2큰술, 잣가루 1/2작은술, 물 1큰술, 식초 1큰술

육원전

필수 재료
소고기 80g, 두부 30g, 달걀 1개, 밀가루 2큰술, 식용유 2큰술

양념장
소금 1/2작은술, 설탕 1/3작은술, 다진 파 2작은술,
다진 마늘 1작은술, 후추, 참기름, 통깨

초간장
간장 1큰술, 식초 2작은술, 설탕 1작은술

만드는 법
1 소고기는 살코기로 곱게 다진 후 핏물을 제거하고 두부
   는 물기를 짜서 칼등으로 곱게 으깬다.
2 다진 소고기와 으깬 두부를 합하여 양념을 적당량으
   로 한 다음 많이 주물러 끈기 있게 치댄다. 반죽을 지름
   4cm, 두께 0.5cm로 동글납작하게 빚는다.
3 팬에 기름을 두르고 완자에 밀가루를 골고루 묻힌 후 달
   걀을 푼 것에 담갔다가 노릇하게 지져 낸다.
4 초간장을 곁들여 낸다.

화양적

필수 재료
쇠고기 150g, 표고버섯 5개, 당근(大) 1/2개,
통도라지 100g, 오이 1개, 산적꼬치 12개

양념장
소금 약간, 참기름 2작은술, 후추가루 1작은술,
파 2작은술, 마늘 2작은술, 설탕 2작은술

만드는 법
1 당근은 길이 6cm, 두께 0.8~1cm로 잘라 살짝 데친다.
2 통도라지는 굵은 것은 1/2로 잘라 소금을 넣고 잠깐 데
   친다.
3 표고버섯은 불린 것을 기둥을 떼고 잘라 소금을 뿌려 살
   짝 볶는다.
4 고기는 7~8cm로 잘라 양념해서 버무려 볶아 낸다.
5 오이는 3등분하여 씨를 수평으로 제거하고, 가장자리를
   정리하여 소금에 잠깐 절인 후 물기를 제거하고 살짝 볶
   는다.
6 위의 재료를 꼬치에 고기–도라지–당근–오이–버섯 순으
   로 꽂아 팬에 지져낸다.

10

한식 구이 조리

구이의 정의

구이는 수조육류, 어패류, 채소류를 양념하여 탄 맛의 풍미는 살리면서 속은 잘 익어 타지 않도록 불 조절을 해 가며 굽는 요리법이다.

떡갈비

필수 재료

소고기 300g, 돼지고기 300g

양념장

간장 4큰술, 설탕 1+1/2 큰술, 꿀 1큰술, 매실 액기스 1큰술,
마늘 1큰술, 파 1큰술, 배즙 1큰술, 양파 1큰술,
참기름 1큰술, 청주 1+1/2 큰술

만드는 법

1. 얇게 썬 소고기와 돼지고기의 핏물을 뺀다.
2. 준비된 양념장에 핏물을 뺀 돼지고기와 소고기를 넣고 한참 치대어 끈기를 낸다.
3. 지름이 9cm 정도 되게(100g) 둥글게 빚어 납작하게 만든다.
4. 둥글게 빚어진 고기를 130도의 오븐에서 18분 정도 구워 낸다.
5. 잘 익은 고기에 잣가루를 뿌려 예쁘게 담아낸다.

북어구이

필수 재료

북어 1마리(북어포 마른 것 70g, 불린 것 130g),
간장(또는 고추장) 1큰술(2큰술), 설탕 2작은술, 파 1큰술,
마늘 1/2큰술, 깨소금 2작은술, 참기름 2작은술

만드는 법

1. 북어포는 그냥 물에 불리고, 통북어는 방망이로 두드린 후 물에 불린다. 이때 통북어를 우선 납작하게 눕혀 놓고 머리부터 두드린다. 조금 부드러워지면 옆으로 세워서 두드린다.
2. 물에 20분 정도 담근 후 다시 두드린다.
3. 배를 반으로 가르고 뼈를 빼고 길이 6cm 토막으로 자른다.
4. 북어의 양에 따라 양념의 양이 다르다.
   • 경우에 따라서는 고춧가루를 넣을 수도 있다.
   • 간장을 사용하기도 하고 고추장을 사용하기도 하는데, 고추장을 사용할 때에는 간장을 1/2작은술 정도 넣어 고추장을 부드럽게 한다.
   • 북어를 양념에 재어 놓는다.
5. 석쇠에 굽는다. 그리고 일부는 팬에 지지는데 이때 양념이 타기 쉽다.

Tip. ① 북어를 물에 담근 후 가시를 빼고 물에 씻는다.
　　　② 북어가 촉촉해야 타지 않고 양념이 잘 배어 든다.

너비아니

쇠고기의 연하고 맛있는 부위인 등심이나 안심을 얇게 저며서 간장으로 간을 하고 굽는 음식으로 요즈음은 흔히 불고기라 말한다.

필수 재료
쇠고기(등심) 500g

양념장
간장 3큰술, 배즙(육수) 4큰술, 설탕 1/2큰술, 꿀 1큰술,
다진 파 3큰술, 다진 마늘 1+1/2큰술, 깨소금 1+1/2큰술,
참기름 1+1/2큰술, 후춧가루 약간

고기양념
쇠고기 100g,
간장 1큰술, 파 2작은술, 깨소금 1작은술, 후추 약간,
설탕 1작은술, 마늘 1작은술, 참기름 1작은술

Tip. 국, 찌개의 고기양념에는 설탕·깨소금을 넣지 않는다.

만드는 법
1 쇠고기는 등심이나 안심의 연한 부위를 0.5cm 정도의 두께로 썰어 잔칼집을 넣어 연하게 한다.

2 파·마늘을 곱게 다지고 배는 갈아서 양념장의 양념과 모두 합하여 양념간장을 만든다. 배가 없을 때에는 육수를 대신 넣어도 된다.

3 고기를 굽기 30분 전쯤에 2의 양념간장으로 고루 주물러 간이 고루 배게 하여 둔다.

4 뜨겁게 달군 석쇠에 얹어서 양면을 고루 익혀 더울 때 바로 먹도록 한다. 숯불에 석쇠를 얹어서 직화로 굽는 방법이 번철에 굽는 것보다 훨씬 맛이 있다.

11

한식 찜 조리

찜의 정의

찜 조리는 수조육류, 어패류, 채소류 등에 양념을 하여 국물을 적게 하여 끓이거나 찐 음식이다.

소갈비찜

필수 재료

쇠갈비 500g, 무 150g,
당근 100g, 표고버섯 20g,
밤 10개, 은행 12개,
잣 1큰술, 달걀 1개

Tip. ① 여름철 음식이다.
② 오이는 너무 얇게 썰지 않는다.
③ **大蝦** : 찜, 튀김, **中蝦** : 찬, 마른반찬, **細蝦** : 젓갈,
紫蝦 : 곤쟁이젓
④ 죽순자르기 – 빗살무늬가 보이게 썬다.
⑤ 대하는 반드시 내장을 제거한다.

만드는 법

1 쇠갈비는 기름을 잘 제거하고 찬물에 담가 30분간 핏물을 빼고, 칼집을 잘 넣어 갈비 양의 2.5배에 해당하는 물을 붓고 끓인다(이때 찌꺼기는 꼼꼼하게 걷어 낸다).

2 무와 당근은 가로 5cm, 세로 5cm 정도 되게 토막내어 가장자리를 잘 다듬어 둔다.

3 표고는 4등분하고, 밤은 껍질을 까서 준비한다. 은행은 기름에 살짝 볶아 속껍질을 벗긴다.

4 달걀은 황백으로 나누어 지단을 부쳐 마름모꼴로 잘라 둔다.

5 **1**의 쇠갈비를 한참 끓이다가 젓가락으로 찔러 보아 잘 들어가면 고기만 꺼내서 양념장(배즙 1컵, 진간장 3/4컵, 설탕 3큰술, 파 3큰술, 마늘 2큰술, 깨소금 1+1/2큰술, 후춧가루 1작은술, 참기름 2큰술, 꿀 2큰술, 생강즙 1작은술, 청주 1큰술)으로 30분 정도 재웠다가 육수 4컵을 부어 준비된 무, 당근, 표고, 밤을 같이 넣고 졸인다.

6 대접할 때 은행, 지단으로 장식하여 예쁘게 담아낸다.

대하찜

필수 재료
대하 3마리
계란 2개
청고추 2개
홍고추 2개
석이 1큰술

양념
소금
후추가루

겨자장
겨자 1작은술
설탕 1큰술
식초 1큰술
간장 1큰술
참기름 1작은술

만드는 법

1. 새우는 내장을 빼고 등을 갈라 잔 칼집을 넣어 소금, 후추를 뿌려 찐다.
2. 황백지단을 부쳐 곱게 채 썬다.
3. 청고추, 홍고추는 씨를 빼고 채 썰어 볶는다.
4. 석이는 깨끗이 손질하여 살짝 볶는다.
5. 쪄 놓은 새우에 준비한 고명을 예쁘게 올린다.
6. 대접을 할 때는 겨자장과 곁들어 낸다.

12

한식 찌개 조리

찌개의 정의

찌개는 수조육류, 어패류, 채소류 등을 넣고 국물과 건더기가 5 : 5 비율로 구성된 음식이다.

된장찌개

필수 재료

두부 150g(1/4모)
감자 (중)1개
애호박 1/4개
홍고추 1/2개
풋고추 1개
대파 1/2대
다시멸치(한줌) 20g
물 4컵
된장 2큰술
고추장 1큰술
다진 마늘 1작은술
소금 약간

만드는 법

1 두부를 크기 3cm×3cm×1cm로 썬다.

2 감자는 껍질을 벗긴 후 반으로 갈라 0.8cm 두께로 썰어 놓고, 애호박도 반으로 가른 후 감자와 같은 두께로 반 달썰기해 놓는다.

3 홍고추와 풋고추, 그리고 대파는 어슷썬다.

4 다시멸치는 머리와 내장을 제거한 다음에 적당량의 끓는 물에 넣고 10분 정도 끓이다가 멸치는 건져 내고 면 보에 걸러 육수를 만든다.

5 멸치 육수에 된장과 고추장을 푼 다음에 끓으면 감자를 넣고 끓이다가 두부와 애호박, 홍고추를 넣는다.

6 감자와 호박이 익으면, 대파와 다진 마늘, 어슷썬 풋고추를 넣어 끓이고 소금으로 간을 맞춘다.

게감정

필수 재료

꽃게 2마리(400g), 물 6컵, 생강 1톨, 청주 1큰술, 고추장 2큰술,
된장 1큰술, 소고기(우둔살) 120g, 두부 50g, 숙주 80g,
풋고추 1개, 홍고추 1/2개, 대파 1/2대, 마늘 2쪽, 무 200g,
청장, 소금, 참기름, 후추, 달걀 1개, 식용유, 밀가루

소 양념장

소금 1작은술, 다진 파 2작은술, 다진 마늘 1작은술,
깨소금 1작은술, 참기름, 후춧가루

만드는 법

1. 게는 깨끗이 씻어 딱지를 떼고 안의 것을 긁어모으고, 게의 몸통은 잘라서 밀대로 밀어 살을 발라내고 다리를 끊어 놓는다.

2. 살을 발라낸 자투리는 냄비에 생강, 후춧가루, 청주, 물을 부어 끓여 육수를 만들며, 육수는 면보에 거르고 고추장과 된장을 푼다.

3. 소고기 1/2은 납작하게 썰어 양념하고 나머지 1/2은 곱게 다진다.

4. 두부는 물기 제거 후 곱게 으깨고 숙주는 데쳐서 다지며, 발라낸 게살과 다진 소고기, 두부, 숙주를 합하여 소를 양념한다.

5. 게딱지 안쪽은 물기를 닦고 참기름을 살짝 바르고 나서 밀가루를 솔솔 뿌린 다음에 만들어 놓은 소를 편편하게 채운다.

6. 편편히 소를 채운 게는 밀가루, 달걀을 묻힌 후 팬에 식용유를 두르고 노릇하게 지진다.

7. 무를 3cm×4cm×0.8cm 크기로 납작하게 썰고 대파, 홍고추, 풋고추는 어슷썬다.

8. **2**의 육수를 냄비에 붓고 끓으면 납작하게 썰어 양념한 소고기를 넣어 끓이다가 무를 넣고 끓인다.

9. 무가 익으면 지져 낸 게와 다진 마늘을 함께 넣어 잠깐 더 끓이다가 어슷썬 파와 풋고추, 홍고추를 넣는다.

전골의 정의

전골은 수조육류, 어패류, 채소류 등을 다양하게 올리고 육수를 부어서 끓인 음식이다.

두부전골

필수 재료

① 두부 1모, 소금 1작은술, 식용유

② 쇠고기(우둔) 150g, 두부 30g, 진간장 1작은술, 소금 조금,
   설탕 1작은술, 파(다진 것) 1큰술, 마늘(다진 것) 1큰술,
   후춧가루 조금, 깨소금 1큰술, 참기름 2작은술

③ 미나리 100g, 계란 1개, 표고버섯 15g, 석이버섯 3g,
   미나리(묶음용) 100g, 당근 100g, 계란(황백지단) 2개

④ 쇠고기(우둔 채 썬 것) 100g, 진간장 1작은술, 소금 1/8작은술,
   파 2작은술, 마늘 1작은술, 후춧가루 1/8작은술,
   깨소금 1작은술, 참기름 1작은술

⑤ 숙주 100g, 무 150g, 양파 1개, 청장 1/2작은술,
   소금 1/3작은술, 파 1작은술, 마늘 1작은술, 설탕 1작은술,
   참기름 1작은술

⑥ 육수 2컵, 청장 1작은술, 소금 1/2작은술, 설탕 1작은술

만드는 법

1 두부는 3cm×4cm×6mm 크기로 썰어 칼집 낸다(1cm
   가량 남겨서). 소금을 뿌려 기름에 지진다.

2 ②의 쇠고기를 다져서 양념을 하여 위의 두부에 고기소
   를 얇게 빚어 넣는다. ③의 미나리로 묶는다(미나리는 소
   금물에 데친 것). 남은 쇠고기로 완자를 빚어 밀가루와
   계란을 입혀 지져 놓는다(1.5cm 직경).

3 표고는 물에 불린 후 1cm×4cm 크기로 썰고, 계란도
   황, 백으로 지단을 부친 후 표고 크기로 썰며 당근도 같
   게 썬다. 석이는 끓는 물에 담갔다가 비벼 씻은 후 흰자
   로 지져서 1cm×4cm 크기로 썰고, 미나리는 4cm 길이
   로 썬다.

4 ④의 쇠고기는 채 썰어 양념한다.

5 숙주는 머리와 꼬리를 제거한 후 끓는 물에 데치고, 무는
   채 썰어 끓는 물에 데친다. 양파는 채쳐 세 가지를 섞어
   양념을 한다.

6 **4**와 **5**를 섞어 전골냄비 바닥에 밑판을 2cm 두께가 되
   게 깐다. 두부 묶은 것을 한 켜 깔고 공백에 밑판으로 메
   운다.

7 **3**의 재료를 담고 가운데는 지진 완자를 담고 육수를 부
   어 끓인다.

낙지전골

필수 재료
낙지 600g, 쇠고기 150g, 양파 1개, 실파 40g, 쑥갓 40g

낙지 양념
간장 1큰술, 참기름 1큰술, 설탕 1/2작은술, 마늘 1큰술,
깨소금 2큰술, 고춧가루 1큰술, 생강 1/2작은술, 파 1큰술

쇠고기 양념
간장 1큰술, 파 2작은술, 설탕 1/2큰술, 마늘 2작은술,
깨소금 2작은술, 후춧가루 1/2작은술, 참기름 1작은술

만드는 법
1 낙지는 굵은 소금으로 문질러 씻어 껍질을 벗기고 4cm
  길이로 토막을 내어 양념하여 간이 배게 한다.
2 쇠고기는 채 썰어 고기양념을 한다.
3 양파는 채 썰고 실파는 4cm로 썰어 쑥갓은 연한 잎만
  사용한다.
4 전골냄비에 보기 좋게 놓고 익혀 가면서 먹는다.

Tip. ① 육수를 붓지 않고 볶으면서 먹는다.
     ② 오징어, 낙지 등의 패류는 높은 온도에서 장시간 조리하면, 수분이 빠
        져서 질기고 맛이 없다.

쇠고기전골

필수 재료
쇠고기 400g, 송이버섯 30g, 표고버섯 30g, 느타리버섯 30g,
목이버섯 30g, 미나리 250g, 당근 150g, 양파 1개, 달걀 2개,
잣 1/2큰술, 후춧가루 약간, 소금 약간, 설탕 1작은술, 육수 3컵

양념
간장 2큰술, 파 1큰술, 마늘 1큰술, 설탕 1큰술,
후추 약간, 참기름 1큰술, 깨소금 1큰술

만드는 법
1 쇠고기는 채 썰어 양념한다.
2 양파, 표고버섯, 미나리초대, 송이버섯, 목이버섯, 느타리
  버섯은 손으로 찢고, 당근은 굵게 채 썰어 끓는 소금물
  에 살짝 데친다.
3 계란은 황, 백으로 각각 지단을 부쳐 굵게 채를 썬다. 잣
  은 고깔을 떼어 놓는다.
4 팬에 기름을 붓고, 각 재료를 따로따로 볶으면서 소금으
  로 간을 한다.
5 전골냄비에 각 재료가 서로 마주 보게 담고, 간을 맞춘
  후 끓은 육수를 붓는다.
6 잣을 띄운다.

Tip. ① 야채는 높은 온도에서 단시간 볶는다. ② 볶음을 할 때에는 나무젓
     가락을 사용한다. ③ 목이버섯은 물기를 제거한 뒤 볶아야 튀지 않는다.
     ④ 육수는 끓여서 붓는다. ⑤ 모든 재료는 굵게 채썰기를 한다.

도미면

필수 재료
도미 1마리(500g), 소고기(양지머리) 100g, 소고기(우둔) 60g,
두부 30g, 달걀 3개, 석이버섯 4장, 표고버섯 2개, 목이버섯 20g,
홍고추 1개, 미나리 50g, 당면 40g, 호두 5개, 은행 5개,
잣 1작은술, 밀가루 1큰술, 식용유, 소금, 국간장, 후춧가루,
청주, 생강즙, 적당량

육수
양지머리, 대파 1/2대, 마늘 2쪽, 건고추 1개, 통후추 5알,
청주 1큰술, 물 7컵, 국간장 2작은술, 소금

완자고기 양념장
소고기 60g, 두부 30g, 다진 마늘 1작은술, 다진 파 2작은술,
참기름 1작은술, 후춧가루, 소금

만드는 법

1 도미는 비늘을 긁고 내장을 뺀 후 머리와 꼬리는 남기 3
장 뜨기 후 4cm×4cm×0.3cm 정도 크기로 썰어 소금,
후춧가루로 간한 다음 밀가루 달걀 물을 묻혀 지진다.

2 양지머리를 덩어리째 찬물에 담가 핏물을 뺀다.

3 냄비에 물을 붓고 양지머리를 삶은 다음 납작납작하게
썰고 육수는 소금과 국간장으로 간을 맞춘다.

4 석이버섯을 불린 후 깨끗이 손질한 다음 곱게 다진다. 표
고버섯을 물에 불려 기둥을 뗀다. 목이버섯을 불려서 한
잎씩 떼어 놓는다. 홍고추는 갈라서 씨를 빼 놓는다.

5 달걀 2개는 황백으로 나누어 흰자위는 반으로 나누어 흰
색 지단과 다진 석이를 넣은 석이 지단을 부치고, 황색
지단도 부친다.

6 미나리는 씻어 다듬어서 길이를 맞춘 후 미나리 초대를
만들고, 소고기는 곱게 다져서 으깬 두부와 함께 완자를
만들어 지진다. 당면은 불려 놓는다.

7 호두는 따끈한 물에 불렸다가 속껍질을 벗기고, 잣은 고
깔을 뗀다. 황백지단, 미나리 초대, 표고버섯, 홍고추 등
은 2cm×4cm 정도의 크기로 썬다.

8 전골냄비에 편육을 양념하여 깔고 포를 뜨고 남은 도미
를 가운데 올린 후 그 위에 전을 도미 모양대로 얹고 나
머지 모든 재료를 보기 좋게 돌려 담은 후 완자와 은행
등을 곁들여 담는다.

9 당면은 전골이 끓으면 한옆에 넣어 끓인다.

신선로(神仙爐)

　신선로를 궁중 연회식에서는 열구자탕이라고 한다. 이 말은 1827년 진작의궤에서 처음으로 나타난다. 이 열구자탕은 수문사설에는 열구자탕, 송남잡식에는 열구지, 규합총서, 시의전서, 해동죽지, 동국세시기 등에는 신선로로 되어 있다. 진찬의궤에는 신선로, 연대 규곤요람에는 구자탕이라 하여, 입을 즐겁게 해준다는 뜻이다. 신선로는 우리 음식 중에서도 특별 요리로 일컬어진다. 신선로는 요리법의 원천이 중국이라고 하나 〈신선로〉란 명칭이 붙은 데는 다음과 같은 이야기가 있다.

　이조 중엽 연산조 때에 자를 〈순부〉라 하고 호를 허암이라고 하는 정희량이란 분이 있었다. 이 분은 시문을 잘하고 음양학에 밝아 자신의 명과 수를 점쳐 알고 있었다. 연산조 4년에 무오사화가 일어나고, 이때에 혐의를 받아 의주로 귀양갔다 풀려 나와 무오사화보다 더 무서운 화가 갑자년에 올 것이라고 예감을 하고 산속에 들어가 중이 되겠노라고 하더니, 마침내 신유년 5월에 집을 나가 종적을 감추었다. 그래서 집안 식구들이 그를 찾아 사방을 헤매다가 어느 시냇가에 이르니 거기에 미투리 한 켤레와 상관이 있었다. 이에 부인은 남편이 강물에 빠져 죽었다고 생각을 하고 5월 단오절을 기일로 삼아 제를 지냈다. 그 후 여러 해가 지나 갑자사화가 끝나고 이퇴계 선생이 산중에 들어가 주역을 읽고 있을 때, 어느 노승이 곁에 이르러 문구를 잘못 알아차리면 이를 고쳐 주곤 하는 것이었다. 퇴계는 필시 이 분이 허암 선생이라 짐작하고, 이제 세상도 평정되었으니 다시 나가라고 하니 다시 어디론가 종적을 감추어 버렸다. 그런데 그간 이 분의 행적이 마치 신선과 같이 고매하였고, 또한 일찍이 과학의 이치를 깨달아 화로를 손수 만들고, 여기에 채소류를 끓여 아침저녁으로 화로 하나만으로 지냈다고 한다. 그 후 이 분이 화로를 신선로라 하게 되었다 한다.

　신선로는 산해진미를 모두 담아 끓여 이 한 그릇으로 여러 가지 맛과 영양소를 함께 섭취할 수 있으며, 신선로에 담는 재료는 대부분 전으로 부쳐서 담는다. 되도록 전을 얇게 저며 밀가루를 얇게 묻히고 참기름에 눋지 않도록 잘 익혀서 담아야 맛이 깨끗하다. 또한 재료를 알맞게 담아서 국물이 충분하게 끓을 수 있도록 유의한다.

만드는 법

1️⃣ 양지머리와 사태로 육수를 만든다.

2️⃣ 무는 신선로 1틀이면 무 1/2개면 된다(중간 크기). 육수에 무를 넣어 끓이고 토막을 쳐서 얄팍하게 0.5~0.7cm 두께로 썬다.

3️⃣ 쇠고기는 50~100g 정도 곱게 채쳐서 양념하여 살짝 볶는다. 나머지는 완자를 만들어 준다(직경 0.7cm 정도).

4️⃣ 생선은 될 수 있는 대로 넓게 포를 떠서 전을 부친다.

5️⃣ 처녑은 소금물에 빡빡 문질러 씻은 후, 끓는 물에 살짝 넣어 냄새를 제거한 다음 잔칼집을 내고 전을 부친다.

6️⃣ 간은 얇게 될 수 있는 한 넓게 떠서 전을 부친다.

7️⃣ 미나리는 잎을 떼고 10cm 정도로 썰어서 가느다란 꼬치로 위와 아래 양쪽에 꽂는다. 그 후 밀가루를 묻히고 달걀을 씌워 부친다.

※전유어는 각각 5개 정도씩 한다.

8️⃣ 당근은 얄팍하게 썰어 소금물에 데쳐 내고, 오이는 두텁게 껍질 썰기를 하여 당근과 같은 크기로 썰어서 소금물에 살짝 데친다.

9️⃣ 달걀은 황백 지단을 나누어 부치고 크기는 오이와 같은 크기로 한다.

🔟 석이는 깨끗이 씻어서 당근과 같은 크기로 썰고 안쪽에 밀가루를 묻혀 달걀 흰자를 씌운다.

⑪ 호두는 40℃ 정도의 물에 담가 껍질을 꼬챙이로 벗긴다.

⑫ 은행은 소금을 살짝 뿌려서 볶고, 뜨거운 것은 종이로 문지르면 껍질이 벗겨진다.

⑬ 완자는 쇠고기로 직경 0.7cm 정도로 만들어 준비한다.

필수 재료
쇠고기 350g, 간 200g, 처녑 300g, 동태 200g,
미나리 100g, 오이 1개, 당근 1개, 표고 5장,
석이 10g, 호두 20g, 은행 10개, 잣 15g,
붉은고추 1개, 달걀 6개, 파 1뿌리, 밀가루 1컵

육수
양지머리 300g, 도가니뼈 1/2개, 마늘 2톨,
무 1/2개, 파 15g, 소금 약간

Tip. 담는 법
1단. 맨 밑에는 육수에 삶아 낸 무를 한 줄 깐다.
2단. 볶은 쇠고기를 보기 좋게 놓는다.
3단. 간, 생선, 처녑, 미나리초대를 깐다.
4단. 당근, 오이, 표고, 석이, 계란지단을 위에 장식한다.
5단. 호두, 잣, 은행, 완자로 마지막을 장식한다.

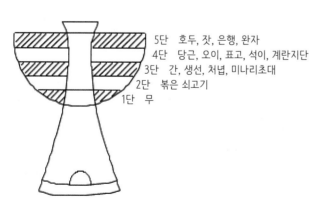

5단 호두, 잣, 은행, 완자
4단 당근, 오이, 표고, 석이, 계란지단
3단 간, 생선, 처녑, 미나리초대
2단 볶은 쇠고기
1단 무

어복쟁반

필수 재료

양지머리 500g, 지라 200g, 우설 200g,
유통 200g, 느타리버섯 200g, 대파 2대,
배 1/2개, 메밀국수 100g, 쑥갓 50g,
달걀 3개, 홍고추 2개, 은행 10알,
생강 1톨, 양파 1개, 마늘 6쪽,
청주 2큰술, 통후추 1작은술

육수

양지머리 육수 5컵, 국간장 2작은술, 소금, 후춧가루

양념장

간장 2큰술, 다진 파 1큰술, 다진 마늘 1/2큰술,
다진 홍고추 1작은술, 고춧가루 1큰술,
참기름 1큰술, 깨소금 1작은술

만드는 법

1. 양지머리는 찬물에 담가 핏물을 제거 후 팔팔 끓는 물에
   육수용 재료를 넣고 삶아 국물은 면보에 받쳐 육수를 만
   들어 놓고 삶은 고기는 건져 내어 편육으로 얇게 썬다.

2. 유통과, 지라는 소금과 밀가루를 넣고 씻어 끓는 물에 재
   료를 넣고 삶아 식힌 후 편육으로 얇게 썰고 우설은 끓
   는 물에 잠깐 넣었다가 꺼내어 흰 막을 벗기고 다시 삶
   아 식혀서 얇게 썰어 놓는다.

3. 달걀은 소금과 식초를 넣고 노른자위가 가운데로 오도
   록 굴려 가면서 완숙으로 삶아 편으로 썰어 둔다.

4. 대파는 어슷하게 썰고, 버섯은 굵직하게 찢고, 배도 채로
   썰어 놓는다.

5. 은행은 팬에 기름을 두르고 볶아 껍질을 벗긴다.

6. 메밀국수는 끓는 물에 삶아서 찬물에 헹구어 사리를 만
   들어 놓는다.

7. 놋쇠 쟁반에 양지머리, 유통, 지라, 우설 등의 편육을 둘
   러 가며 편편히 깔고, 느타리버섯과 대파, 배, 쑥갓, 은
   행, 달걀 등을 색상대로 맞추어 놓는다.

8. 놋쇠 쟁반 가운데에 양념간장 종지를 두고 국간장과 소
   금으로 간한 육수를 붓고 끓인다.

9. 먼저 편육은 양념간장에 찍어 먹고, 삶은 메밀국수는 국
   물에 말아 먹는다.

음청류의 정의

음청류는 우리나라의 전통음료로 오미자, 꿀, 생강국물, 엿기름 등으로 맛을 내고 과일,
꽃잎, 떡, 잣으로 장식하여 다과상에 차려내는 후식이다.

배숙

필수 재료

배 1개, 통후추 1작은술,
생강 40g, 설탕 1/2컵,
잣 조금, 물 6컵,
꿀 1/2컵

만드는 법

1 생강은 껍질을 벗겨 얇게 저미며 썰어서 물을 붓고 끓인다.

2 배는 6쪽으로 등분하여 속을 도려내고 껍질을 벗겨서 아래, 위쪽을 조금씩 잘라 낸다. 타원형으로 만들며 모서리를 다듬고 배의 등쪽에 통후추를 3개씩 박아 놓는다.

3 ■의 생강의 매운맛이 우러나면 생강을 건져 내고, 설탕과 꿀을 넣어 끓기 시작하면 배를 넣고 투명하게 익을 때까지 서서히 끓인다.

4 배가 다 익으면 차게 식혀서 화채 그릇에 담고, 고깔을 뗀 잣을 띄워 낸다.

수정과

필수 재료

1. 생강 50g, 물 6컵
2. 통계피 30g, 물 6컵
설탕 1+1/2컵, 곶감(小) 20개,
잣 1큰술

만드는 법

1 생강의 껍질을 벗겨서 얇게 저민다. 물을 부어 은근한 불에서 서서히 끓여 고운 체에 거른다.

2 통계피도 물에 넣어 끓여서 고운 체에 거르고, 생강물과 합하여 설탕을 넣어 끓여서 식힌다.

3 곶감은 작고 씨가 없는 주머니 모양으로 생긴 것으로 골라서 꼭지를 떼고 모양을 둥글게 만져 놓는다.

4 수정과를 들기 3시간 정도 전에 달여 놓은 국물에 곶감을 담근다. 곶감이 불어서 부드러워지면 화채 그릇에 담고 잣을 띄워서 대접한다.

오미자화채

필수 재료

오미자 50g, 물 2컵
설탕 1컵, 배 1/4개
잣 1작은술

만드는 법

1 오미자를 물에 깨끗이 씻어서 물 2컵을 붓고 하루 동안 우려내어 면보에 걸러 오미자국을 만든다.

2 우려낸 오미자국은 신맛을 보면서 설탕을 넣고 물을 넣으면서 색을 맞춘다.

3 배를 얇게 저며 썬 후 꽃모양을 찍어 설탕물에 담근다.

4 잣은 고깔을 떼고 마른행주로 깨끗이 닦는다.

5 오미자국은 화채 그릇에 담고 꽃 모양을 낸 배와 잣을 띄워 낸다.

식혜

필수 재료

멥쌀 1컵, 엿기름가루 3컵,
물 20컵, 설탕 2컵,
잣 2큰술

만드는 법

1 엿기름은 미지근한 물에 2시간 정도 물에 충분히 담가 두었다가 국물만 걸러 낸다.

2 멥쌀은 씻어 쪄서 식힌다.

3 1과 2를 혼합해서 보온밥솥에 넣고 5시간 정도 보온 하면 밥알이 뜬다.

4 3에서 밥알과 국물을 따로 분리하여 밥알은 맑은 물에 헹궈 보관하고, 국물은 설탕과 생강을 넣고 1시간 정도 끓인다. 이때 거품과 찌꺼기는 꼼꼼하게 걷어 내야 한다.

5 냉장고에 차게 보관하고, 먹을 때 잣을 띄워 내면 된다.

Tip. ① 식혜의 당화온도 55~60℃
② 엿기름 기르기
겉보리를 절구에 약간만 찧어서 키로 까불러 물에 잘 씻어 인 다음, 다시 깨끗한 물에 하룻동안 담가서 불린다. 이것을 건져서 시루에 넣고 위를 젖은 보자기로 덮고, 싹이 트면 콩나물을 기르듯이 물을 주면서 기른다. 물을 줄 때마다 한 번씩 뒤집어 서로 엉겨서 붙지 않게 한다. 5~6일 동안 길러서 싹의 길이가 보리 낱알 길이만큼 자라면 꺼내어 멍석이나 자리에 널어서 말리고, 갈아서 가루만 내려 사용한다.

원소병

필수 재료
찹쌀가루 4컵, 치자 1개, 오미자즙 3큰술, 생쑥즙 1+1/2큰술

소
대추 8개, 유자청건지 3큰술, 꿀 2큰술, 계핏가루 조금

물
물 15컵, 설탕 3컵, 꿀 5큰술

만드는 법

1. 찹쌀가루는 손으로 비벼서 체에 내린 후 4등분하여 둔다. 치자를 깨서 물에 담가 색을 내고, 오미자 물에 담가 색을 낸다. 쑥은 블렌더에 물을 넣어 갈아 생즙을 낸다. 찹쌀가루에 각각 넣어 섞는다(연한색이 되도록 해야 한다). 각각 익반죽하여 손에 붙지 않을 정도로 한다.

2. 소는 대추를 불린 후 건져 다지고, 유자청도 건지를 다져서 대추와 유자청을 섞어 콩알 크기로 빚는다(꿀을 안 넣고 빚어지면 그냥 빚는다).

3. 은행 크기의 반죽을 빚어 가운데에 **2**의 소를 넣고 둥글게 빚은 후 녹말을 입혀 끓는 물에 삶는다(뜨면 익은 것이다). 찬물에 행궈 내어 그릇에 담고, 물, 설탕, 꿀 섞은 물을 붓고 갓 올려낸다. 화채 그릇에 7개 정도의 경단이 들어간다.

떡의 정의

우리나라 떡의 시작은 청동기 시대의 유적인 나진초도(羅津草島) 패총(貝塚) 및 삼국시대의 고분 등에서 시루가 출토되었고, 이 무렵의 생활 유적지에는 거의 예외없이 연석이나 확돌이 발견되고 있는 것으로 보아 곡물을 가루로 만들어 시루에서 찐 음식인 떡이 농경전개시기부터 널리 애용되었음을 추정할 수 있다. 이어 무문토기시대 유적, 김해문화 삼국시대 고분에서도 거의 시루가 나오고 있으며 고구려시대 벽화인 황해도 안악 제3고분의 벽화나 황해도 약수리 벽화에도 시루에서 음식을 찌고 있다. 이러한 사실로 미루어 시루가 상용 용구와 밀접한 관련이 있으므로 떡의 유래는 시루의 역사에서도 가히 짐작할 수 있으며, 아울러 곡물의 가루로 찐 시루떡이나 쌀을 찐 다음 절구에서 쳐서 만든 도병류가 많이 상용되었음을 짐작할 수 있다.

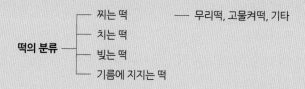

상고시대의 떡

시루는 유물출토에서도 보듯이 상고시대부터 많이 사용해 왔으며 시루에서 찐 떡을 절구에 친 도병류(인절미, 절편)와 기름에 지진 전병류와 시루떡을 만들어 일상식(日常食)으로 사용했음을 추정할 수 있다.

삼국시대의 떡

삼국시대의 98호 고분에서는 청동제 시루에 이어 토제(土製) 시루도 출토되었고, 삼국유사 죽지랑조(竹旨郎條)에 어머니가 아들을 보러 갈 때 설병(舌餠)을 들고 갔는데 이것은 음(音)을 미루어 보아 설병(설기떡)으로 여겨진다.

고려시대의 떡

고려초기부터 역대왕들은 보다 발달된 농경기구와 농경기술을 보급하는데 주력하여 곡식이 크게 증산되었는데 이같은 기록은 고려도경에 잘 전해진다. 양곡의 증산과 더불어 밤설기떡, 쑥설기떡, 송기떡, 수단, 수수전병과 같은 떡류의 조리기술이 매우 높은 수준으로 발전되었다.

조선시대의 떡

음식디미방(1670년)에 8종류의 떡이 기록되어 있다. 석이편법, 밤설기법, 전화법, 빈쟈법, 잡과병, 상화법, 증편법, 섭산삼법 등 방법과 재료도 다양해졌으며 규합총서(1815년)에는 27종이 기록되어 있다. 백설기 · 혼돈병, 석탄병(감설기병), 복령조화고, 도행병, 남방감저병, 무우떡, 기단가오, 신과병, 권전병, 화전, 토란병, 송기떡, 서여향병, 빙자, 밤조악, 대추조악, 석이병, 잡과병, 승검초단자, 유자단자, 두텁떡, 송편, 인절미, 상화, 원소병, 증편 등 더욱 다양해졌다.

음식디미방(1670년)의 기록을 중심으로 살펴보면,
- 시루떡 : 석이편법, 밤설기법
- 전　병 : 전호법, 빈쟈법
- 단자병 : 잡과병
- 기　타 : 상화법, 증편법, 섭산삼법 등이 나와 있고

규합총서(1815년)에 살펴보면,
- 시루떡 : 백설기, 혼돈병, 석탄병, 복령조화고, 도행병, 남방감저병, 무우떡, 기단가오, 신과병
- 전　병 : 권전병, 화전, 토란병, 송기떡, 서여향병, 빙자, 밤조악, 대추조악
- 단자병 : 석이병, 잡과병, 승검초단자, 유자단자, 두텁떡, 송편
- 도　병 : 인절미
- 기　타 : 상화, 원소병, 증편

떡의 종류

떡의 용도와 그 성격

종류 / 용도		절식	통과의례						생업의례		예물	성격
			삼칠일	백일	생일	혼례	회갑	제례	고사	풍어제		
시루떡	백설기		○	○	○				○			성스러울 때 [삼칠일, 백일, 돌, 신당(神堂)]
	팥시루떡	10월 고사일							○	○		액막이(辟邪)
	콩설기	4월 느티나무			○							
	각색편					○	○	○				儀禮用(경사일 때)
	가래떡	정월 흰떡국								○	○	성스러울 때(정월)
단자	송편	2월 노비일 8월 추석	○	○								頌食(노비일추석)
	수수경단		○	○								辟邪(액막이), 애기돌의 생일 (10살까지)
	기타단자					웃기	웃기					儀禮用 떡의 웃기
도병	절편	5월 단오				○	○					贈禮用
	인절미					○	○	○			○	贈禮用
전병	꿀전병	6월 유두							○		○	
	차전병	3, 9월 들놀이				화전 화전	웃기 웃기					儀禮用 (떡의 웃기)

한과(과줄)

우리나라 말로 유밀과의 한 가지를 가리키는 말로도 쓰이지만, 유밀과뿐만 아니라 정과, 다식, 숙실과, 과편, 엿강정 등을 통틀어 우리의 전통 과자를 이르는 말로 쓰인다. 또한, 한과류는 유밀과의 한 가지로 꿀이나 설탕에 반죽한 밀가루를 네모지고 납작하게 만들어 기름에 튀긴 뒤 물을 들인 것이다.

한과(과줄)의 유래

한과는 우리나라 전통 과자를 말하는 것이며, 제조 기원에서 서양의 과자인 양과와 구분된다. 과줄이란, 우리말로 유밀과의 한 가지를 가리키는 말로도 쓰이지만, 유밀과뿐만 아니라 정과 · 다식 · 숙실과 · 과편 · 엿강정 등을 통틀어 우리의 전통 과자를 이르는 말로 쓰였다. 북한에서 나온 〈조선 음식〉에서도 '과줄'을 '산자'의 뜻으로 쓰기도 하고, 또 약과, 다식, 강정, 정과 등을 통틀어 '과줄'이라고 했다.

한과의 특징

우리 과줄은 장기 보관에 필요한 방부제를 쓰지 않아도 잘 변하지 않는다. 강정을 예로 들면, 찹쌀을 일단 발효시켜 가루로 만들어 쪄서 다시 말린 다음 기름에 튀기기 때문이다.

이밖에 엿강정과 유밀과류, 각종 정과류나 숙실과류도 주재료를 조청이나 설탕에 오랫동안 조려서 만든 것이므로 그 맛이 쉽게 변하지 않는다.

경단

필수 재료

찹쌀가루 5컵, 1컵당 물의 양 : 1~2큰술,
설탕고물(거피팥 1/2컵(껍질 벗긴 팥), 붉은 팥 1/2컵,
콩가루(노랑-1/3컵, 청-1/3컵), 흑임자 가루 1/2컵,
카스테라 체에 내린 것 1/2컵), 1차 설탕 1/2, 2차 1/4

만드는 법

1 찹쌀가루를 손으로 비벼서 곱게 만든 후, 끓는 물에 익반
   죽한다. 너무 질지 않게 반죽한다.

2 100g당 경단이 15개 정도 나오도록 잘게 만든다.

3 냄비의 반 이상 물을 넣고 끓으면 20개 정도씩 경단을
   넣어 익힌다. 이때 서로 붙지 않도록 저어 준다. 경단이
   떠오르면 2분 후 건진다.

4 찬물을 세 군데 준비해 두고, 세 번 담갔다 건지고 물기
   를 뺀다.

5 각 고물을 셋으로 나누어 묻힌다.

Tip. ① 고물은 세 가지로 나누어 첫 번째 고물은 설탕이 고물의 1/2, 두 번째
      고물은 설탕이 고물의 1/4로 묻히고, 접시에 놓기 직전에 설탕이 들
      어 있지 않은 고물을 묻힌다(설탕 없는 고물 : 질지 않게 하기 위함).
    ② 콩가루, 흑임자가루는 그대로 한다.
    ③ 카스테라를 체에 내려서 설탕을 넣지 않고 고물로 한다.
    ④ 거피팥 고물 만드는 법 : 붉은 팥을 한 번 삶고, 사포닌을 제거하기
      위해 팥 삶은 물을 버린다 → 다시 물을 붓고 푹 삶아 거르고, 껍질을
      벗겨 보자기에 넣고 짠다 → 팬에 고슬고슬하게 볶는다.
    ⑤ 붉은 팥고물은 팥의 껍질을 제거하지 않고 한다.

주악

필수 재료

찹쌀가루 2컵, 식용유 1컵, 대추 15개,
설탕시럽(물+설탕 동분량) 1컵, 계피가루 1/4작은술,
식용색소(치자, 식홍 또는 대추, 쑥) 약간, 꿀 1작은술

만드는 법

1 대추를 곱게 다진다(미지근한 물에 씻어 돌려 깎아 곱게
   채 썰어 다진다).

2 반죽은 경단과 같은 익반죽한다. 색을 들일 때에는 반죽
   전 가루 상태에서 원하는 색을 섞어서 반죽한다.

3 대추 다진 것과 계피, 꿀을 넣어 큰 콩알만큼 빚는다.

4 반죽을 경단 정도 떼어서 송편처럼 속에 3을 넣어 납작
   하게 빚는다.

5 140℃ 기름에 지진다.

6 설탕 시럽에 지진 것을 넣어 둔다.

송편

필수 재료

멥쌀가루 8컵, 쑥잎 200g, 깨소금 1+1/2큰술, 설탕 1작은술,
대추 10개, 참기름, 솔잎 각 조금씩, 소금 4큰술, 청대콩 10개

만드는 법

1. 멥쌀가루를 곱게 만들어 호화가 잘 되게 한다. 체에 여러 번 내린다.
2. 쑥잎은 소금물에 데쳐 새파랗게 되도록 한다. 찬물에 헹구어 꼭 짠 다음 곱게 다져 절구에 빻는다. 멥쌀가루와 섞어 체에 여러 번 내리거나 곱게 고루 잘 섞는다.
3. 끓는 물에 소금을 넣어 가며 간을 맞춘다. 물 1컵당 소금 2큰술씩 넣는다.
4. ③에 ①과 ②를 넣어 익반죽한다. 100회 정도하여 반죽이 보들보들해지도록 한다.
5. 1개당 10g 정도의 중량으로 송편을 빚는다. 송편 속을 골고루 넣는다.
6. 찜통에 솔잎을 깔고 송편을 넣은 다음 다시 솔잎을 넣는 방식으로 켜켜로 놓는다. 나중에 솔잎을 넣고 마른 행주로 덮고 뚜껑을 덮는다.
7. 끓기 시작해서 20분 정도가 되면 다 쪄진 것이다.
8. 다 쪄지면 물기를 뺀 다음 참기름을 바른다.

화전

필수 재료

찹쌀가루 4컵, 소금 1작은술, 더운 물 약 1/2컵, 식용유 160mℓ,
진달래꽃 30개, 대추 4개, 쑥갓 20g, 꿀 1/2컵

만드는 법

1. 찹쌀을 물에 충분히 불려서 가루로 빻아서 고운체에 내린다.
2. 찹쌀가루에 뜨거운 물과 소금을 타서 넣어 익반죽하여 고루 치대어 직경 6cm 정도로 둥글고 납작하게 빚는다.
3. 고명으로 쓸 진달래는 꽃술을 떼고 물에 씻어 물기를 닦고, 대추는 씨를 빼어 가늘게 썰고, 쑥갓은 잎을 작게 뜯어 놓는다.
4. 팬을 달구어 기름을 두르고, 찹쌀 빚은 것을 서로 붙지 않게 떼어 놓고 숟가락으로 누르면서 지진다.
5. 익어서 맑은 색이 나면 뒤집어서 위에 진달래나 대추와 쑥갓 또는 감국잎으로 문양을 만들고 잘 익혀서 꺼내어 꿀을 고루 묻혀서 그릇에 담아낸다.

두텁떡

필수 재료

찹쌀 7컵, 밤 15개, 대추 20개, 잣 1큰술, 유자껍질 1개,
설탕, 간장, 계피가루, 후춧가루, 거피팥, 소금

만드는 법

1. 찹쌀가루를 간장 2큰술과 설탕 1/3컵으로 고루 비벼 체에 내린다.

2. 팥은 불려 껍질을 벗긴 후 푹 쪄서 뜨거울 때 설탕 1/3컵, 간장 1/2큰술, 후춧가루 1/8작은술, 계핏가루 1작은술을 넣어 방망이로 으깨면서 고루 섞어 넓은 팬에 팥을 말리는 상태로 볶고 어레미로 친다.

3. 밤은 껍질을 벗겨 몇 조각으로 나누고 대추는 씨를 발라 잘게 썰며, 유자는 곱게 다지고 실백은 고깔을 띤다.

4. 볶은 팥에 설탕과 꿀을 넣어 반죽하여 유자청과 유자 다진 것을 섞고, 대추, 밤, 잣을 하나씩 넣어 떡에 박을 소를 동글납작하게 만든다.

5. 시루나 찜통에 팥을 한 켜 깔고, 그 위에 떡가루를 한 숟가락씩 쌀가루가 서로 붙지 않도록 드문드문 떠 넣는다. 그리고 소를 가운데 하나씩 박고 다시 가루를 덮은 후 전체를 팥고물로 덮는다.

6. 움푹 팬 곳에 먼저 안친 방법대로 떡을 안쳐 30분 정도 쪄서 익힌다. 숟가락으로 하나씩 떠내고 남은 고물은 다시 어레미로 쳐서 뜬다.

매작과

필수 재료

밀가루 3컵, 식용유 5컵, 소금 1/2컵, 꿀 또는 시럽 1컵,
생강즙 1+1/2작은술, 잣가루 2큰술

만드는 법

1. 밀가루에 소금을 넣고 체에 내려 생강즙을 넣고 반죽하여 랩에 싸 두었다가 1시간 후에 얇게 민다.

2. 크기가 세로 6cm, 가로 2.5cm 정도 되게 잘라, 가운데에 칼집을 세 군데(∥∥) 넣고 가운데로 뒤집는다.

3. 식용유가 150℃가 되면 튀겨서 설탕시럽(설탕 1컵+물 1컵 → 20분간 끓인다)을 묻혀서 잣가루를 뿌려낸다.

Tip. ① 아주 얇게 밀어야 먹을 때 아삭아삭한 맛이 난다.
② 튀길 기름의 온도를 잘 맞추어야 타지 않는다.

약식

고두밥에 여러 재료를 섞어서 시루에 찐 한국 고유 음식이다. 약밥 또는 약반(藥飯)이라고도 한다. 약식의 유래는 삼국유사에 나온다. 신라시대 때 소지왕 임금이 까마귀 때문에 위기를 모면하여 은혜를 갚고 싶어서 이때부터 1월 15일에 약식을 지어 까마귀한테 먹이도록 하면서부터 이 풍습이 전해 내려오고 있다.

필수 재료

찹쌀 6컵, 밤 10개, 대추 15개, 흑설탕 200g,
참기름 1/2컵, 간장 3큰술, 실백 2큰술,
계핏가루 2큰술, 꿀 1큰술

만드는 법

1. 찹쌀을 깨끗이 씻어 불린다. 30~40분가량 찜통에 찐다. 이것을 지엣밥이라 한다.
2. 양푼에 담아 둔다. 밤은 살짝 익혀 껍질을 벗긴 후 3, 4등분하고, 대추는 씨를 발라 3, 4등분한다. 찹쌀밥에 흑설탕을 넣고 버무리다 간장을 넣고 여기에 밤, 대추, 참기름을 넣어 버무린다.
3. 처음에는 불을 세게 해서 찌다가 한김이 나면 불을 낮춰 찐다.
4. 네모난 틀에 담아 밀대로 평편하게 민다. 뷔페용으로 동그랗게 빚어 실백을 얹어 낸다.
5. 어울리는 용기에 담고 실백, 계핏가루를 뿌린다.

약과

유밀과를 약과라고 한 것은 밀(꿀)은 사시정기요, 청(꿀)은 온갖 약의 으뜸이며, 기름은 벌레를 죽이고 해독하기 때문에 이르는 말이다. "요록"이라는 고서에 보면 밀가루 한 말, 꿀 1되 5홉, 참기름 1되 5홉, 참기름 2되 5홉, 통깨 4개, 밀가루 한 말, 꿀 1되 5홉, 참기름 1되 5홉, 검은 엿물 2되 5홉, 산자 4개, 밀가루 한 말, 백간탕, 참기름 1되에 지진다. "부인필지"에 '유밀과가 나온다. 진말이면 유청도 각각 1말이 드나니, 꿀, 참기름 1되를 섞어 소주를 조금 쳐서 반죽하여 홍두깨로 밀어, 다식과 약과를 만들어 기름에 지지되 자주 뒤적여 눅지 않게 잘 익힌 후, 꿀에 계피와 생강을 합하여 놓고 담그면 꿀이 다 들어가니 내서 잣가루를 뿌리라.' "지봉유설"에는 '밀과를 약과라 하는 것은 보리는 사시의 정기이고, 꿀은 백 가지 약 중에 제일 어른이요, 기능은 능히 벌레를 죽이기 때문이다'라는 내용이 기록되어 있다.

필수 재료
밀가루 2컵, 참기름 3큰술, 꿀 3큰술, 술 2큰술,
계핏가루 1작은술, 소금 1작은술, 생강즙 1큰술,
식용유 2컵, 집청(설탕 1컵, 물 1컵),
잣가루 1큰술, 후춧가루 1/4작은술

만드는 법

1 밀가루를 체에 친다. 소금은 곱게 빻아 체에 내린 후 참기름을 넣고 비빈다. 꿀, 술, 생강즙을 넣는다.

2 반죽한 것을 약과틀에 랩을 깔고 정형을 한다.

3 식용유가 150~160℃ 될 때 튀긴다.

4 설탕 1컵에 물 1컵을 넣고, 가만히 두면서 끓여 집청을 만든다.

5 튀겨 낸 약과에 집청을 묻혀 잣가루를 뿌린다.

율란

필수 재료
밤 20개, 물 약 1 1/2컵, 꿀 3큰술, 계핏가루 약간

만드는 법
1 밤은 씻어서 물을 부어 삶는다.
2 밤이 충분히 무르게 익으면 껍질을 까서 더울 때에 체에 받쳐서 고슬고슬한 고물로 한다.
3 밤고물에 꿀과 계핏가루를 넣어 고루 섞어서 한데 뭉쳐지게 반죽을 한 덩어리로 만든다.
4 밤반죽을 마치 밤톨처럼 빚어서 한쪽 끝에 계핏가루를 묻히거나 잣가루를 고루 묻혀서 그릇에 담는다. 대개는 조란과 함께 어울려서 담는다.

조란

필수 재료
대추 30개, 꿀 2큰술, 계핏가루 약간, 잣 1작은술

만드는 법
1 대추는 젖은 행주로 닦아서 먼지를 없애고 찜통에 행주를 깔고 찐다.
2 쪄낸 대추를 작은 칼로 씨를 바르고 살만 곱게 다진다.
3 다진 대추를 작은 냄비에 담고 꿀과 계핏가루를 넣은 후 약한 불에 올려 나무 주걱으로 저으면서 잠시 조려서 식힌다.
4 조린 대추를 원래의 대추 모양으로 빚어서 꼭지 부분에 통잣을 반쯤 나오게 하여 그릇에 잣을 박은 쪽이 위로 가도록 그릇에 담는다.

도라지정과

필수 재료
도라지, 물엿, 설탕, 꿀

만드는 법

1. 통도라지는 껍질째 깨끗이 씻어 속이 익을 때까지 푹 삶아 위에서부터 훑으면 껍질이 깨끗하게 잘 벗겨진다(시간을 단축하기 위해 통도라지를 반으로 잘라서 사용하기도 한다).
2. 시럽은 물엿과 설탕의 비율을 5 : 2로 하여 끓인다.
3. 껍질 벗긴 도라지를 시럽에 넣고 처음에는 센 불에 끓이다가 불을 약하게 하여 서서히 조린다.
4. 시럽이 거의 조려졌을 때 꿀을 넣고 도라지를 하나씩 건져서 식힌다.

Tip. 건정과를 할 경우에는 깨끗한 종이 위에 설탕 묻힌 도라지 정과를 말린다.

무정과

필수 재료
무, 설탕, 물엿

만드는 법

1. 무는 껍질을 벗기고 반드시 가로로 썰어서, 또는 잎모양으로 찍어 내어 물감을 물에 넣어 삶아낸다.
2. 물엿과 설탕은 동량으로 끓여 놓은 후 완전히 익혀 놓은 무를 넣어 투명한 색이 나오도록 은근히 조린다.

Tip. 무정과는 맛은 있지만 냄새가 좋지 않아서 모과와 함께 정과를 만들면 향이 좋아진다. 무정과의 재료에 쓰는 무는 수분이 적은 가을철의 무가 좋다. 무·모과정과를 함께 넣고 오래 졸일수록 색이 짙어진다.

다식

필수 재료

송화가루, 콩가루, 흑임자, 녹말, 미숫가루, 육포,
보리새우 분말, 감가루

만드는 법

1. 미세한 분말 가루에는 슈거 파우더를 꼭 넣는다.
2. 슈거파우더는 일반 설탕보다 입자가 고운 것이므로 설
   탕을 이용하여 맷돌 믹서기로 1~몇 초 정도 갈아주면
   된다. 또 천연색소로는 포도액이나 딸기액을 이용해도
   되며 딸기잼으로도 가능하다.
3. 다식의 반죽농도가 중요한데 손에 겨우 쥐어질 농도로
   한다. 너무 질지 않게 주의해야 한다. 또, 흑임자는 시루
   에 찐 다음 창호지에 기름을 빼고 사용한다. 가루반죽은
   꿀을 사용해야 좋고 흰엿을 사용할 때에는 꼭 중탕을 하
   고 사용하도록 한다.

사과정과

필수 재료

사과 1개(250g), 설탕 1컵,
물 1/2컵, 계핏가루 약간

만드는 법

1. 사과를 깨끗이 씻어서 물기를 제거하고 사과 2mm 두께
   로 얇게 슬라이스한다.
2. 냄비에 물(1/2컵)과 설탕(1/2컵)을 넣고 끓으면 사과 썬
   것을 넣고 조리다가 사과를 건진다.
3. 접시에 설탕과 계핏가루를 담고 조린 사과에 조금씩 묻
   혀 한지 위에 넣어 말린다.
4. 어느 정도 마르면 장미꽃 모양으로 만들어 준다.

증편

필수 재료

멥쌀가루 500g, 소금 1큰술, 물 200ml, 막걸리 100ml,
설탕 4큰술, 생이스트 10g

삼색

흰색 치자물, 백년초 가루

고명

대추 2개, 석이버섯 1개, 잣 1작은술, 호박씨 1작은술

만드는 법

1. 멥쌀가루에 소금을 넣고 고운 체에 내리고, 멥쌀가루에
   막걸리와 미지근한 물, 생이스트, 설탕을 넣고 잘 섞은
   후 그릇에 담고 랩으로 싸고 온도는 30~45도가 유지되
   도록 하여 2시간 정도 발효시킨다.

2. 반죽이 부풀어 오르면 다시 나무주걱으로 치대어 공기를
   빼고 다시 랩으로 싸서 11시간 정도 2차 발효를 시킨다.

3. 대추는 돌려 깎은 후 돌돌 말아 꽃모양을 만들고, 석이버
   섯은 물에 불려, 물기를 닦고 곱게 채를 썬다.

4. 잣은 고깔을 떼고 비늘잣을 만들고, 호박씨도 준비한다.

5. 발효된 반죽을 3등분하여 흰색 치자물과 백년초물을 각
   각 넣어 고루 섞어 반죽한다.

6. 증편틀에 식용유를 바르고 반죽은 2/3정도로 채우고 대
   추와 석이채 잣·호박씨를 올려 장식한다.

7. 찜통에 물을 붓고 김이 오르면 불을 끄고 반죽 넣은 증
   편틀을 넣고 10분 정도 두어 3차 발효를 시킨다(물의 온
   도 83도).

8. 반죽이 부풀어 오르면 찜통에 면보를 깔고 센불에서 20
   분 정도 찐 후, 약한 불에서 10분 정도 뜸을 들인다.

9. 증편이 다 되면 3분 정도 식힌 다음 틀에서 꺼낸다.

16

한식 김치 조리

김치의 정의

김치는 우리나라 고유의 발효 식품으로서 그 향미가 독특하며, 식생활에 있어서 빼놓을 수 없는 전통적인 부식이다. 지방에서는 대개 지(漬)라 하고, 제사 때는 침채(沈菜)라 하며, 궁중에서는 젓국지, 짠지, 싱건지 등으로 불렀다. 김치가 만들어지는 원리는 배추, 무를 주재료로 해서 파, 마늘, 생강, 잣, 미나리, 젓갈 등 부재료를 소금으로 절여서(삼투압의 원리) 숙성(발효)시킨다. 즉, 채소에 소금을 넣어 절이면 삼투압의 원리에 의하여 채소 조직을 이루는 세포 중의 수분은 빠져나가 세포는 죽게 되고, 세포가 살아 있는 동안 억제되었던 효소가 활발히 활동하여 단백질과 당질을 분해하고, 유산균과 효모도 번식하여 발효를 일으켜 독특한 풍미와 맛이 생긴다.

역사

추운 겨울철에 대비할 신선한 채소 음식의 필요성에서 개발된 것이 김치라 할 수 있는데, 기록을 통해 알 수 있는 김치의 시초는 고려 후기 문장가 이규보의 시에서 겨울을 위하여 무를 소금에 절여 짠지를 담갔다는 내용이 있다. 이로 미루어 보아 서기 1100년대에 이미 겨울을 위한 김치의 저장이 있었음을 알 수 있는데, 아마도 채소의 재배와 더불어 시작되었을 것으로 짐작된다. 그 후 17세기경의 기록인 "음식지미방"에는 '나박김치, 산갓김치, 오이와 생치를 재료로 담근 생치김치, 생치 짠지' 등이 기술되어 있다. 그러나 고추를 넣어 담근 김치는 1600년대 임진왜란을 통해 고추가 일본으로부터 유입되면서부터라고 할 수 있으며, 우리나라에서 통배추 김치에 적합한 좋은 배추가 산출된 것은 19세기말경이라고 하니 지금과 같은 배추 통김치는 그 이후에 개발된 것이라 추측된다.

이와 같은 변천에서 오늘날에 보급되어 있는 종류로는 150여 종류에 이른다. 그리고 김치의 맛을 좌우하는 요인으로는 재료의 양호 상태, 소금에 절이는 정도, 사용하는 젓갈의 종류, 넣는 고춧가루의 많고 적음 및 최종 간의 정도 등 많은 요소가 있다. 또한 기온이 높은 곳으로 갈수록 소금간을 세게 하며 맵게 담그는데, 대체로 서울 이북에서는 심심하게 담그고 해안가 주변과 경상도, 전라도 지방에서는 약간 짜게 담그는 등 김치에도 지방색이 뚜렷하게 보이며 개인의 기호, 대대로 내려오는 가정의 식습관 등에 따라 각기 맛이 다르다.

특히 서울의 육상궁통김치, 개성의 보쌈김치, 공주의 깍두기, 평안도의 동치미는 이름이 높다.

김치는 고려시대 이규보(1168~1241)가 지은 동국이상국집에서 그 흔적을 찾아볼 수 있다. 김치와 관련된 가장 오래된 문헌에서 보듯이 텃밭에서 6가지의 채소, 과(오이), 가(가지), 청(순무), 총(파), 규(아욱), 호(호박) 등을 시로 읊은 부분도 있다.

김치는 발효식품임은 말할 것도 없거니와 오색과 오미를 조합한 하나의 우주론에 근거를 두기도 하며 김치의 국물 문화는 한국인이 갖는 독특한 취향이다.

신라·고려시대에 와서는 나박김치와 동치미가 개발되었다고 한다. 양념으로는 천초(川椒)·생강·귤껍질 등이 쓰였고, 산갓처럼 향신미의 채소로는 국물김치를 담궈 먹었다. 향신료로 천초를 넣다가 고추로 바뀌게 된 것은 18세기 이후의 일이며, 고추가 쓰이기 전에는 맨드라미꽃을 섞어 넣어 붉은 색을 내었다고 한다. 젓국에 고추를 넣어 양념하는 방법은 조선시대 중엽 궁중에서부터 발달하였다고 하는데, 궁중의 김치도 민간의 김치와 크게 다르지는 않았고, 다만 젓갈을 조기젓·육젓·새우젓으로 썼다. 이에 비해 민간에서는 멸치젓이나 갈치젓을 주로 썼다고 한다. 18세기 중엽의 기록인 "증보산림경제"에 의하면 여러 가지 김치에 대한 설명이 있는데, 나복함저(蘿葍淡葅)는 무에다 고추를 저며서 넣고 오이·호박·동아·천초·부추·미나리 등을 뿌리면서 항아리에 포개어 담고, 소금물과 마늘즙을 넣고 봉한다고 하였다. 황과담저(黃瓜淡葅)는 오이를 주재료로 하여 나복함저와 같은 방법으로 담근다고 하였고, 초숙(酢熟)은 죽순·부들순·연뿌리·무·부들뿌리 등을 소금과 누룩, 또는 멥쌀밥과 소금·누룩에 섞어 절인 것이라고 하였다.

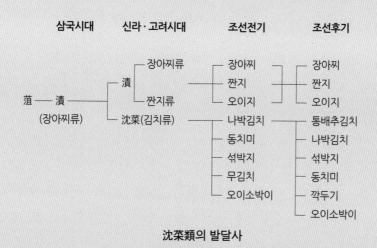

沈菜類의 발달사

그밖에 김치를 담그는 방법으로, 오이·가지·생강·마늘 등을 술지게미·소금, 백비탕(白沸湯) 식힌 것에 담갔다 건져서 다시 술·술지게미·소금을 섞은 것에 담그는 조해법(糟醢法)과 가지·동아·오이 등을 초에 절였다가 다진 마늘과 소금을 섞어 절이는 산법

(蒜法)을 기록하고 있다. 이러한 기록으로 보면 배추김치를 담그는 법은 비교적 후기에 개발되었던 것 같고 무김장이 훨씬 먼저 숙달되어 있었던 것 같다.

김치 담그기의 원리

김치는 우리나라 고유의 발효 식품으로서 그 향미가 독특하며 식생활에 있어서 빼놓을 수 없는 전통적인 부식이다. 김치는 배추, 무를 주재료로 해서 파, 마늘, 생강, 잣, 미나리, 젓갈등 부재료를 소금으로 절여서(삼투압의 원리) 숙성(발효)시킨다. 즉 채소에 소금을 넣어 절이면 삼투압의 원리에 의하여 채소 조직을 이루는 세포 중의 수분은 빠져나가 세포는 죽게 되고 세포가 살아 있는 동안 억제되었던 효소가 활발히 활동하여 단백질과 당질을 분해하고 유산균과 효모도 번식하여 발효를 일으켜 독특한 풍미와 맛이 생긴다. 김치는 부재료의 각종 성분이 주재료의 성분과 교환되어 일어나는 물리적, 화학적 변화를 거쳐 원료에 독특한 맛이 생긴다. 당분에 의한 단맛과 젓갈 · 육어류에 의한 아미노산의 미각으로 감칠맛을 가지며, 파, 생강 등은 발효를 억제시키나 고추, 마늘, 젓갈 등은 산의 생성을 촉진하여 준다. 또한 삼투압 작용은 온도가 높을수록, 또 조미(소금 농도)농도가 진할수록 빨라진다.

김치의 영양가 및 저장과 맛

적정 발효 후 살균시킨 뒤의 냉장 저장은 100일이 경과해도 품질 변화가 없다. 그러나 살균시키지 않은 김치는 계속 발효가 일어나 맛과 영양가에 모두 변화가 있다. 그러므로 김치는 4~5℃ 전후의 저온에서 저장할 때 맛이 가장 좋으며, 비타민C와 B_1, B_2, B_6, Niacin 등의 영양도 맛이 가장 좋은 시기에 최고량이 된다.

저장 장소의 주변 온도에 따라 맛과 영양에도 상당한 영향을 미친다. 신맛이 생기면 비타민C의 파괴가 심하다. 따라서 김치의 맛과 영양을 최고로 하기 위해서는 익으면서 다 먹을 때까지 항상 같은 온도에서 저장하는 것이 좋다. 그리고 김치 담글 때 쌀가루 풀이나 밀가루 풀을 넣기도 하는데 이와 같은 전분을 첨가하면 훨씬 비타민C 양이 증가한다.

종류

크게 보통김치와 김장김치로 나눌 수 있다. 보통김치는 오래 저장하지 않고 비교적 손쉽게 담가 먹는 것으로 나박김치 · 오이소박이 · 열무김치 · 갓김치 · 파김치 · 양배추김치 ·

굴깍두기 등이고, 김장김치는 겨울 동안의 채소공급원을 준비하는 것으로서 오랫동안 저장해 두고 먹는 김치인데 통배추김치·보쌈김치·동치미·고들빼기김치·섞박지 등이 있다. 김장을 담그는 일은 한국의 오랜 풍습일 뿐만 아니라 여인들에게는 큰 행사이기도 하였다.

지방·풍습·기호·계절에 따라 김치의 재료와 양념(부재료), 담그는 방법과 시기 등은 다양하며 맛도 여러 가지이다. 특히 계절에 따라 여러 가지 김치를 담가 먹었는데 봄철에는 나박김치·봄배추김치·짠지를 주로 담가 먹었고 여름에는 오이소박이·열무김치가 주류를 이루었다. 가을에는 햇배추김치와 통배추김치, 겨울에는 김장김치와 동치미가 주류를 이루었다. 근래에는 계절에 구애됨이 없이 언제나 채소를 구할 수 있어 이와 같은 계절성은 점차 사라져 가고 있으며, 김치 가공 공장에서는 포장된 김치류가 대량으로 생산·판매되고 있다.

숙성

김치가 익는 것은 원료성분의 삼투작용과 미생물의 발효작용에 따라 일어나는데 이때 채소를 소금으로 절일 때의 소금물의 농도와 저장온도가 숙성 과정에 많은 영향을 미친다. 김치의 맛과 향기는 주로 김치 국물에 들어 있는 향미 성분의 삼투로 빚어지는데, 삼투작용을 빨리 일어나게 하기 위하여 채소를 소금에 절이는 것이다. 소금과 부재료에 의한 용해 성분이 많아 삼투압의 차이가 클수록 또 온도가 높을수록 김치가 빨리 익는다. 소금의 농도는 겨울 김장용에는 2~3%, 봄철에는 4~5%, 여름철에는 7~10%를 쓰는데, 너무 오래 절이거나 소금의 농도를 너무 높게 하면 배추나 무의 단맛을 잃는다. 또한 소금의 농도는 발효작용을 일으키는 미생물의 번식과도 관계가 깊다.

또한 김치에 들어있는 젖산균이나 발효된 성분들은 탁월한 소화효소를 가지고 있으며, 고추에서 가지고 있는 캡사이신의 독특한 맛은 위액 및 장액을 분비하도록 하여 식욕을 증진시켜 주기도 한다. 각종의 비타민은 감기 등에 저항력을 길러주는 역할도 하고 있다. 그 속에 들어있는 섬유소 등은 장의 정장작용 및 저칼로리의 식품으로, 다이어트 식품으로도 각광받고 있다. 이밖에 김치가 가지고 있는 항암작용이라든가 저항력을 길러주는 인자 등은 탁월한 식품으로서의 기능뿐만 아니고 그 효과는 세계적으로 주목받고 있다.

김치를 담그면 초기에는 여러 가지 잡균이 많이 붙게 되고, 점차 젖산균이 많아져 젖산 발효가 일어나게 된다. 따라서 생성된 젖산과 소금의 공동작용으로 채소의 방부효과는 더욱 커지고 저장성이 생기게 된다. 젖산발효 초기에는 약한 산성인 젖산구균이 번식하고,

그 뒤부터는 산을 많이 내는 젖산간균이, 마지막에는 젖산장간균이 순차적으로 번식하여 젖산 등 유기산을 많이 만든다. 김치 속의 유기산은 소금 단독의 경우보다 방부력을 높이는 작용이 있고, 알코올과 에스테르를 만들어 방향을 띠게 한다. 소금의 농도가 7%를 넘으면 소금의 방부력 때문에 미생물의 번식이 억제되어 김치의 숙성 속도는 매우 느려진다.

※지역에 따른 알맞은 김장시기
　11월 26일~28일 : 서울, 인천, 대구, 춘천
　12월 2일~5일 : 강릉, 포항, 울산, 광주
　12월 14일~24일 : 울릉도, 목포, 부산

일반적으로 평균기온 4~5℃에서 담가 3~4주 후에 기온이 급강하하여 추워지는 시기를 맞추는 것이 좋다고 알려져 있다. 이는 3~4주 동안 저온에서 서서히 발효를 진행시켜 맛을 낸 후 더 낮은 온도에서 보관하는 것이 좋기 때문이다.

통배추김치

필수 재료

배추 5통, 무 1+1/2개, 미나리 150g, 갓 150g, 실파 150g,
파 150g, 굴 150g, 생새우 150g, 생태 1마리,
고춧가루 2+1/2컵, 마늘 50g, 생강 25g, 새우젓 1컵,
조기젓국 1+1/2컵, 소금 1/2컵, 설탕 1/4컵
① 소금 2컵, 물 2ℓ
② 소금 1컵

만드는 법

1 배추는 겉잎을 떼어 내고 다듬어서 뿌리 쪽에 칼집을 넣어 양쪽으로 갈라서 포기를 나눈다. 이것을 ①의 소금물에 담갔다가 건져서 뿌리 쪽의 두꺼운 부분에 ②의 소금을 뿌려서 큰 독이나 용기에 가른 단면이 위로 오게 차곡차곡 담아 절인다. 5시간 후에 위아래를 바꾸어 전체를 고루 절인다.

2 배추가 잘 절여졌으면 깨끗이 씻어서 큰 채반이나 소쿠리에 엎어서 건져 놓고 물기가 빠지게 한다. 포기가 큰 것은 다시 반으로 가르고 뿌리 부분을 깨끗이 도려낸다.

Tip. 소의 재료준비
　①무는 씻어서 0.3cm 정도의 굵기의 채로 썬다.
　② 미나리, 실파, 갓은 다듬어 씻어 4cm 길이로 썬다.
　③ 흰파는 어슷하게 채로 썰고, 마늘과 생강은 다진다.
　④ 생굴, 생새우는 소금물에 흔들어 씻어 건지고, 생태는 살만 떠서 2cm 폭으로 썬다. 소의 재료를 고춧가루와 섞어 버무려서 절인 배춧잎 사이사이에 고르게 채워서 바깥잎으로 전체를 싸서 항아리에 차곡차곡 담는다.

나박김치

필수 재료

배추 400g, 무 350g, 미나리 100g, 오이 150g, 쪽파 50g,
마늘 2톨, 생강 1/2톨, 실고추 10g, 고춧가루 2큰술

찹쌀풀물

소금 8큰술, 물 12컵, 설탕 2큰술, 찹쌀 1+1/2컵

만드는 법

1 배추, 무는 나박나박 썰어(3cm×4cm×0.3cm) 소금으로 재운다.

2 마늘, 생강, 파를 채썬다.

3 고춧가루를 찹쌀풀물에 색을 내고 1과 2를 넣고 소금으로 간한다.

4 실고추는 3cm 길이로 손으로 뜯어 넣는다.

Tip. ① 실고추는 손으로 자른다.
　② 파 다지기 – +자로 자른 후 썬다.
　　 파 채썰기 – 1/2로 자른 후 서로 포개서 썬다.
　③ 금방 먹을 때는 식초를 넣는다.
　④ 고춧가루 대신에 건고추를 하루 정도 물에 담갔다가 갈아 쓰면 색이 아주 곱다.

오이소박이

필수 재료
오이(재래종 오이 가는 것) 4개, 소금(호렴) 2큰술,
부추 50g, 파 2큰술, 마늘 1큰술, 생강 1작은술,
고춧가루 1~2큰술, 새우젓 2큰술

만드는 법
1 오이는 통째로 소금물에 문질러 깨끗이 씻은 다음 6cm
   길이로 토막 낸다. 1cm씩 양끝을 남기고 세 군데 칼집
   을 넣어 50%의 소금물에서 30분 정도 절인다.
2 부추는 송송 썰고, 파, 마늘, 생강은 곱게 다져 고춧가루
   와 소금을 넣어 버무려 소를 만든다.
3 오이를 마른 수건에 싸서 손으로 눌러 물기를 뺀 다음
   칼집을 넣은 곳에 소를 넣는다.
4 항아리에 꼭꼭 눌러 담고, 소를 버무린 그릇에 물을 부어
   양념을 씻은 후 소금을 타서 김치 국물을 오이가 잠기도
   록 부어 뜨지 못하게 무거운 것으로 눌러 익힌다.

Tip. ① 설탕을 넣으면 오이가 물러져서 못 쓴다.
      ② 오이를 뜨거운 물에 살짝 데쳐서 담으면 질감이 아삭아삭하다.

가자미식해

필수 재료
참가자미 10마리, 메좁쌀 1컵, 무 200g, 굵은 소금 1컵

식해 양념
마늘 5쪽, 다진 파 4큰술, 다진 마늘 3큰술, 다진 생강 2작은술,
고춧가루 1/2컵, 엿기름가루 3큰술, 설탕 1작은술,
찹쌀 풀 4큰술, 소금

만드는 법
1 가자미는 참가자미를 골라 비늘과 내장을 제거한 후 굵
   은 소금을 살살 뿌려 하루 동안 절인 후 하루 이틀 정도
   채반에 넣어 꾸덕꾸덕하게 말린다.
2 무는 5cm×.08~1cm 크기로 굵게 썰어 소금을 뿌려 절
   인 후 물에 헹구어 물기를 꽉 짠다.
3 엿기름은 고운체로 걸러 하얗고 고운 엿기름만 모은다.
4 메좁쌀은 고슬고슬하게 밥을 지어 식혀 둔다.
5 꾸덕꾸덕하게 말린 가자미를 한입 크기로 토막을 내 썰
   고 절인 무, 메조밥에 고춧가루 등의 식해 양념을 넣어
   골고루 버무린다.
6 부족한 간은 소금으로 맞추고 항아리에 꼭꼭 눌러 담아
   서늘한 곳에서 잘 삭힌 후 먹는다.

17
한식 장아찌 조리

장아찌의 정의

장아찌는 젓갈과 함께 반상에 오르는 반찬 중의 하나로서 재료가 풍부할 때 또는 쓰다 남은 것들을 오래 두고 먹을 때 이용하는 조리법이다. 그 맛이 깔끔하여 입맛을 돋우어 주는 역할을 한다. 장아찌는 한자로 장과라 쓰는데, 특별히 구별하고 있지는 않다. 여기서는 불로 익혀서 만든 장아찌를 숙장과라 하고, 제철에 흔한 채소 등을 간장, 고추장, 된장 등에 넣어 장기간 저장하는 것을 장아찌라 하였다. 오래 담가 두었던 장아찌는 꺼내서 다시 무치는 것이 보통인데, 참기름을 넉넉히 넣고 설탕, 깨소금으로 무친다.

숙장과

오이, 무, 배추, 열무 등의 채소를 절여서 물기를 적게 하여 볶거나 간장물에 졸여서 만든 것으로 간이 센 편이어서 얼마간 보관하면서 먹을 수 있다. 장아찌처럼 장에 오래 박아 두는 것이 아니고 즉시 만들었다고 해서 갑장과라 하며 또는 익혀서 만들었기에 숙장과라고도 한다.

장아찌

장아찌는 짜게 절인 음식의 하나로 김치·젓갈 등과 더불어 일상식의 반찬으로 중요한 역할을 하며, 항상 준비해 두고 필요할 때마다 꺼내 먹는 저장음식이다. 특히 장마철에 그때그때 야채를 이용하기 어려울 때 미리 담갔다가 이용하여도 좋다.

우리나라에서 장아찌에 관한 구체적인 기록으로는 고려 중엽의 이규보가 지은 "동국이상국집"의 시편 家圃六詠 속에 '무청을 장 속에 박아 넣어 여름철에 먹고, 소금에 절여 겨울을 대비한다'라는 구절이 있는데, 이것은 곧 장아찌와 김치를 가리키는 것으로 생각된다. 또한 1861년 농가월령가 九月分에는 "배추국, 무나물에 고춧잎장아찌", 十月分에는 "무, 배추 캐어 들어 김장들 하오리라. 앞내에 정히 씻어 염담을 맞게 하고 고추, 마늘, 생강, 파에 젓국지 장아찌를 담갔다"는 기록을 보아 연중행사로 하였음을 알 수 있다. 제철에 흔한 채소 등을 간장, 고추장, 된장 등에 넣어 장기간 저장하는 것을 장아찌라 하였다.

장아찌에 흔히 쓰는 재료는 마늘, 마늘종, 깻잎, 무, 오이 등이다. 여러 가지 채소들이 흔할 때에 간장, 된장, 고추장 등에 박아 두는 저장식품으로 먹기 전에 썰어 참기름, 설탕, 깨소금 등으로 다시 고루 무쳐서 상에 낸다. 지방에 따라서 더덕, 도라지, 천초, 감, 두부, 굴비 등의 재료로 별미인 장아찌를 만든다. 특히 남쪽지방과 절에서 장아찌를 담글 때는 다음 세 가지 사항을 유의하여야 한다. 첫째, 장아찌를 박을 장은 보통 때 쓰는 것과는 따로 장아찌 전용으로 장은 항아리에 절여서 쓴다.

된장이나 고추장의 큰 항아리에 장아찌의 재료를 넣으면, 재료의 수분과 맛이 배어 나와서 장맛이 변하여 일반 조리용으로 쓰기가 적합하지 않다. 둘째, 장아찌의 재료는 날것을 그대로 하는 것이 아니라 일단 절이거나 말려서 수분의 함량을 줄여 넣어야 장기간 보존이 가능하다. 셋째, 고추장이나 된장에 깻잎이나 고추 등의 크기가 작은 재료를 박을 때는 베보자기에 넣어 박아 둔다. 꺼낼 때에 장 속에서 찾아내기가 쉽고, 재료에 장이 많이 묻어 있지 않아서 손실이 적으며, 썰거나 무칠 때에 깔끔해서 다루기가 쉽다.

깻잎장아찌

필수 재료

삭힌 깻잎 1kg, 밤 2컵, 대파 1/2컵, 마늘 30g,
흑임자 50g, 통깨 50g, 실고추 3큰술,
설탕 3큰술, 멸치액젓 1+1/2컵, 생강 2큰술,
고춧가루 50g, 찹쌀풀 1컵, 양파(中) 1+1/2개

만드는 법

1 삭힌 깻잎은 꺼내어 2번 정도 물에 우려낸다.

2 양파는 곱게 갈고, 파, 마늘은 다져서 나머지 양념들과
혼합한다.

3 밤은 곱게 채 썰어 깻잎에 한 장씩 양념을 묻힐 때 조금
씩 뿌려 놓는다.

Tip. 깻잎은 가을에 약간 노르스름해질 때 단으로 묶어 20% 염도의 간장을
끓여 항아리에 넣어 돌로 눌러 놓는다.
1주일 후 간장을 끓여 식혀 다시 붓는다(2번 반복).

통마늘장아찌

필수 재료

풋마늘 50통, 식초 3컵, 설탕 3컵, 소금 1컵,
간장 1+1/2컵, 물 7ℓ

만드는 법

1 하지 전에 덜 여문 마늘을 골라서 줄기를 2cm 정도 남
기고, 마늘통의 겉껍질을 한 번 벗긴 다음 물에 씻어 건
진다.

2 식초 3컵+물 10컵의 촛물을 만들어 3일 정도 담가 둔다.

3 마늘의 매운맛이 가시면 촛물을 따라 내고, 남은 물에 설
탕, 간장, 소금을 넣어 한참 끓여서 통마늘에 붓는다.

4 4∼5일이 지난 후 국물만 꺼내고 소금을 1/2컵 정도 넣
어서 다시 끓여 식힌 물을 붓는다. 이런 일을 5일 간격으
로 3번 정도 다시 반복하여 간장국물을 끓여 넣는다. 1
개월쯤 지나면 맛이 든다.

오이지

필수 재료

오이(조선오이) 20개
굵은 소금 250g

만드는 법

1️⃣ 오이를 통째로 깨끗이 씻는다.

2️⃣ 병이나 항아리에 세워서 오이 양의 10~15% 소금을 물에 타서 끓여 뜨거울 때 병에 붓는다.

3️⃣ 돌을 삶아 눌러 놓는다.

4️⃣ 일주일에 한 번씩 소금물을 끓여 갈아 준다(3번 반복).

5️⃣ 한 달~한 달 반 정도 후에 꺼내 먹는다.

간장게장

필수 재료

꽃게 2마리, 양파 1/2개, 말린 표고버섯 3개,
말린 홍고추 1개, 배 1/4개, 대파 1/2대,
마늘 4개, 생강 1톨, 간장 1/2컵,
맛술 30㎖, 물 1+1/2 컵

만드는 법

1️⃣ 대파, 양파, 배, 건고추, 표고버섯, 마늘, 생강, 대파는 큼직하게 썬다.

2️⃣ 1️⃣에 간장과 물, 맛술을 넣고 끓인다.

3️⃣ 바글바글 끓으면 중간 불에서 끓이면서 좀 더 끓이다가 건더기는 건져 놓는다.

4️⃣ 게를 그릇에 담고 끓인 간장 물은 반드시 식힌 후 게에 붓고 냉장고에서 하루 이틀 정도 숙성 후 먹으면 된다.

18
장 조리

장의 정의

장은 음식의 간을 맞추는데 없어서는 안 될 중요한 조미료적 의미가 있다. 간장, 고추장, 된장은 모두 많은 양의 소금을 넣고 담그기 때문에 자체적으로 간을 낸다. 간장뿐만 아니라 된장이나 고추장으로 반찬을 만들 때 따로 소금간을 하지 않아도 되는 것은 이 때문이다. 따라서 음식의 맛내기에는 간장, 된장, 고추장이 음식마다 거의 빠지지 않고 들어간다. 된장은 된장찌개, 된장국, 쌈장 등이 많이 쓰이고, 고추장은 매운탕이나 전골, 제육구이나 생채 등에 들어간다. 생선회나 비빔밥을 먹을 때에도 고추장은 없어서는 안 될 재료이다. 간장은 국에 간을 맞추거나 불고기나 생선조림, 장조림, 나물 등에 넣는다. 간혹 장이 들어가지 않은 부침이나 튀김, 전 등을 먹을 때에도 초장이나 양념장을 찍어 먹어야 직성이 풀리는 것이 우리의 입맛이다.

간장, 된장, 고추장은 한국 전통음식의 맛을 규정짓는 가장 대표적인 음식들이다. 자연식품인 고기, 생선, 채소 등은 모두 단순한 맛을 지니고 있다. 그런데 그들의 고유한 맛에 간장, 된장, 고추장 등의 맛이 어우러져 조화를 이룰 때 우리만의 독특한 맛을 형성하게 된다.

한국 사람만이 느끼는 맛의 진미는 '장'이 아니고는 낼 수 없다. 또 장을 담글 때 소금이 많이 들어가기 때문에 저장성이 뛰어나다. 맛이 변하거나 상하지 않을 뿐 아니라, 오히려 해가 지날수록 맛이 깊어진다. 간장의 경우는 갓담은 햇장에서부터 오래된 진장까지 각각 다른 맛을 가져 음식에 따라 구분되어 사용되는데, 소금의 짠맛과는 비교할 수가 없다. 또한 장은 보관하는 데도 큰 불편함이 따르지 않는다. 가끔씩 햇빛만 쬐어 주면 되고, 냉장고에 넣지 않아도 된다.

간장

필수 재료

메주 3~4장(1말), 호렴 30컵, 물 200컵, 붉은 건고추 5개,
대추 7개, 참숯 3덩어리

만드는 법

1. 메주를 흐르는 물에 솔로 문질러 깨끗이 씻어 바싹 말
   린다.
2. 소금물은 장 담그기 하루 전에 체에 받쳐 앙금을 가라앉
   힌다.
3. 장독을 깨끗이 소독하고 말린다.
4. 독에 메주를 먼저 넣는다.
5. 소금물을 독에 넣을 때 체에 받친다.
6. 붉은 건고추와 대추를 먼저 띄우고, 숯에 불을 붙여 넣
   는다.
7. 양지바른 곳에 둔다(독은 기울지 않게 둔다).
8. 자주 햇볕을 쬐어 준다.
9. 2달 후 간장과 된장을 분리한다.

Tip. 간장의 고소한 맛을 내기 위해 참깨를 넣기도 한다.

된장

만드는 법

1. 간장을 빼고 건져 놓은 메주를 곱게 치대면서 간장을 부
   어 질게 한다.
2. 소금으로 간을 맞추어 항아리에 꼭꼭 눌러 가며 담고 맨
   위에 소금을 뿌려 덮는다.
3. 햇빛이 비치는 낮에는 뚜껑을 열어 된장을 발효시킨다.
4. 한달이 지나면 먹을 수 있다.

고추장

필수 재료

고춧가루 4근, 개량메주가루 2+1/2근, 호렴 3되,
찹쌀가루 2+1/2근, 엿기름가루 1+1/2되,
집간장 20컵, 물엿 1.2kg

만드는 법

1. 고추를 깨끗이 닦아 씨를 뺀 후 곱게 빻는다(고추줄기의
   색-태양초 : 누런 빛, 찐 것 : 푸른 빛).

2. 엿기름을 물에 담가 둔다(엿기름 : 800g에 물 5ℓ). 2시
   간이 지난 후 손으로 문질러 체에 내리고, 통째로 팔팔
   끓인다(잡균의 서식방지) 후 38℃로 식힌다.

3. 찹쌀가루를 익반죽하여 도넛 모양으로 삶아 건져 내어
   엿기름에 넣는다. 그리고 이것을 끓여 처음 양의 2/3가
   될 때까지 졸인 후 저으면서 식힌다.

4. 메주를 절구에 빻는다(고춧가루 개량메주와 함께). 굵은
   소금으로 간을 하고 농도는 간장으로 맞춘다.

5. 담근 후 한 달이 지나면 먹으면 된다.

Tip. 날씨가 화창한 날에는 햇볕을 자주 쬐어 준다.

막장

필수 재료

메줏가루 400g, 보리쌀 700g,
고춧가루(씨를 섞어 빻은 것) 100g, 호렴 250g,
물 1/2컵, 엿기름가루 200g

만드는 법

1. 보리쌀은 깨끗이 씻어 12시간 정도 물에 담갔다가 건져
   질게 밥을 짓는다.

2. 메줏가루와 고춧가루는 거칠게 빻고, 고추씨는 곱게 빻
   는다.

3. 소금과 물은 같은 양으로 녹여서 미리 준비하고, 메줏가
   루, 보리쌀, 고춧가루, 고추씨, 소금물을 함께 섞고 잘 버
   무린 다음, 항아리에 꼭꼭 눌러 담아 7~10일 정도 두면
   익는다.

제 3 장

향토 음식

제3장

향토음식

1 한국의 향토음식

1. 향토음식 개요

우리나라는 지형적 특색에 따라 산물도 다르고 물적, 인적 교류가 적었던 옛날에는 지방마다 특색 있는 향토음식이 발달하였다. 20세기에 들어오면서 교통이 편리하여 사람의 교류가 많고, 물자의 운송도 용이하여 식생활 문화의 양상이 다양해지고 있다. 하지만 아직도 지방마다 특색 있는 음식들이 그 모습을 유지해 오고 있다. 한편 우리나라는 왕조가 바뀔 때마다 왕도가 달라졌으며, 각 왕도를 중심으로 그 사회의 음식문화가 발전하였다. 또한 시대에 따라서 상고시대에는 대륙과 근접한 고장에 외래문화가 들어왔고, 이어 서해를 건너서 해안으로 오는 길이 넓게 트였으며, 일본과의 왕래가 잦았을 때에는 동남 해안이 외래문화 유입의 문호였다. 이러한 사실이 또한 그 고장의 향토음식이 발달될 수 있는 계기가 되었다. 한반도는 남북으로 길게 뻗은 지형이며, 동쪽, 남쪽, 서쪽은 바다에 둘러싸이고 북쪽은 압록강, 두만강에 임한다. 동서남북의 지세 기후 여건이 매우 다르므로, 그 고장의 산물은 각각 특색이 있다.

북한음식은 우리 일상생활에서 쉽게 접할 수는 없지만, 북한 지방별로 조사해 보면 북한음식도 지방별로 그 차이가 나는데 지지개는 고기, 생선, 젓갈 등을 국물 없이 찌거나 중탕하는 음식을 말한다. 생선국은 깔끔하게 닭국물을 이용하고, 풋고추나 미나리만 얹어 낸다. 생선국이나 매운탕 등을 끓일 때 고명으로 붉은 고추를 잘 쓰지 않고, 주로 풋고추나 미나리, 부추 등을 얹어 소박하게 끓여 낸다. 또, 고깃국은 간을 맞출 때, 주로 소금과 간장으로 간을 맞추고 향신료와 양념을 적게 넣어 고기 고유의 맛을 내고 있다. 특히 닭고기로 끓이는 국물 음식이 유명하다. 북한의 추운 날씨에 만둣국, 온반, 어복쟁반 등 따뜻한 국물 음식은 별미 음식이 되고 있다.

육류는 우리가 흔히 먹는 쇠고기, 닭고기, 돼지고기 외에도 북에서는 멧돼지나 꿩, 노루, 메추리, 기러기, 토끼 등 기르지 않고 직접 사냥하여 얻은 다양한 고기들을 요리에 이용한다. 냄새가 심한 들짐승들을 요리하다 보니 자연 향신료와 양념의 이용이 발달했는데, 우리가 흔히 쓰는 파, 마늘, 생강, 후추 외에도 곽향, 계피, 초피 등 독특한 양념들을 즐겨 이용한다.

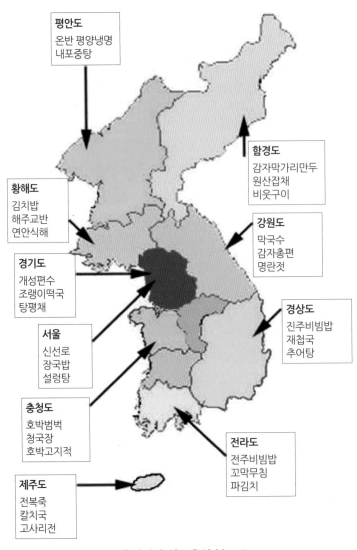

평안도
온반 평양냉면
내포중탕

함경도
감자막가리만두
원산잡채
비웃구이

황해도
김치밥
해주교반
연안식해

강원도
막국수
감자총편
명란젓

경기도
개성편수
조랭이떡국
탕평채

경상도
진주비빔밥
재첩국
추어탕

서울
신선로
장국밥
설렁탕

충청도
호박범벅
청국장
호박고지적

전라도
전주비빔밥
꼬막무침
파김치

제주도
전복죽
칼치국
고사리전

우리나라 향토음식 분포도

남쪽음식은 기후가 온화하고 벼농사가 발달하여 그에 따른 부식은 아주 화려하게 발달을 하였다. 서울 경기지역은 교통과 경제 발전으로 모든 산물들이 집결하는 곳으로 다양한 재료를 이용한 여러 음식들이 발달한 지역이고, 간이 짜지 않고 중간정도이며, 모양은 입에 넣기 적당한 크기로 예쁘게 만들며, 우리나라 대표적인 전통 음식문화를 꽃 피우는 곳이다. 강원도는 이북과 가깝고 피난으로 내려온 정착민의 경우 이북 사람이 많아 간이 습습하고 음식도 크고 푸짐한 편이다. 벼농사는 어렵고, 주로 메밀, 감자, 옥수수를 이용한 음식들이 많이 발달되어 있다. 서울지역에서는 쇠고기를 많이 먹지만 강원도에서는 닭과 돼지고기를 많이 이용한다.

충청도는 중부지역으로 주로 논과 평야가 발달되었고, 콩과 호박을 이용한 음식이 많으며 그중에서 청국장은 충청지역의 개발된 유명한 발효음식이다. 전라도지역은 쌀농사가 아주 발달되었고, 과거의 백제지역으로 전주를 중심으로 한 음식문화와 광주지역의 음식문화가 꽃을 피우고, 해산물도 풍부하여 김치에 젓갈 사용이 많다. 경상도지역은 기후가 아주 따뜻하므로 간이 강한 편이고 김치의 멸치젓, 갈치젓과 같은 젓갈 사용량이 많고, 해산물이 풍부하여 해산물을 이용한 탕, 찜, 구이류가 발달하였다. 그리고 평야가 잘 발달하여 곡류가 풍부하며, 이를 이용한 떡의 종류가 다양하다. 제주도지역은 섬지역이므로 육지보다 해산물을 더 많이 이용하며 산에서 많이 나는 고사리를 이용한 음식이 발달하였고, 생선을 이용한 국, 죽을 만들어 먹는 것이 다른 지역과 차이가 난다.

그러므로 향토음식은 한국음식에서 중요한 부분을 차지하고 있다. 한국음식에서 전통음식을 떼어서 생각할 수 없듯이, 전통음식에서 향토음식을 배제할 수가 없다.

2. 향토음식의 특징

음식의 맛은 그 지방의 풍토 환경과 그 지방에 사는 사람들의 품성을 잘 나타낸다고 할 수 있다. 한반도는 남북으로 길고, 동서로 좁은 지형이어서 북부지방과 남부지방은 기후에 큰 차이가 있으며, 북쪽은 산간지대, 남쪽은 평야지대여서 산물도 서로 다르다. 따라서 각 지방마다 특색 있는 향토음식이 생겨나게 되었다. 지금은 남북이 분단되어 있는 실정이지만 조선시대의 행정 구분을 보면 전국을 팔도로 나누어 북부지방은 함경도, 평안도, 황해도, 중부지방은 경기도, 충청도, 강원도, 남부지방은 전라도, 경상도로 나누었다. 당시는 교통이 발달하지 않아서 각 지방 산물의 유통 범위가 좁았다. 그래서 지방마다 소박하면서도 독특한 음식이 생겨날 수 있었다. 그러다가 점차 산업과 교통이 발달하여 다른 지방과의 왕래와 교역이 많아지고, 물적 교류와 인적 교류가 늘어나서 한 지방의 산물이나 식품이 전국 곳곳으로 퍼지게 되었으며, 음식을 만드는 솜씨도 알려지게 되었다. 지형적으로 북부 지방은 산이 많아 주로 밭농사를 하므로 잡곡의 생산이 많고, 서해안에 면해 있는 중부와 남부지방은 주로 쌀농사를 한다. 북부지방은 주식으로 잡곡밥, 남부 지방은 쌀밥과 보리밥을 먹게 되었다.

좋은 반찬이라 하면 고기반찬을 꼽으나 평상시의 찬은 대부분 채소류가 중심이고, 저장하여 먹을 수 있는 김치류, 장아찌류, 젓갈류, 장류가 있다. 산간 지방에서는 육류와 신선한 생선류를 구하기 어려우므로 소금에 절인 생선이나 말린 생선, 해초 그리고 산채를 음식에 많이 이용하고, 해안이나 도서지방은 바다에서 얻는 생선이나 조개류, 해초가 찬물의 주된 재료가 된다. 지방마다 음식의 맛이 다른 것은 그 지방 기후에도 밀접한 관계가 있다. 북부지방은 여름이 짧고 겨울이 길어서, 음식의 간이 남쪽에 비하여 싱거운 편이고 매운맛은 덜하다. 음식의 크기도 큼직하고 양도 푸짐하게 마련하여 그 지방 사람들의 품성을 나타내준다. 반면에 남부지방으로 갈수록 음식의 간이 세면서 매운맛도 강하고, 조미료와 젓갈류를 많이 사용한다.

3. 향토음식의 영양성

향토음식에는 영양가가 높은 여러 가지 음식이 있고, 일품요리로 영양적이고 우수한 성분들이 한국 토속음식에 많이 있다. 몇 가지 예로서 신선로는 다양한 식품 배합으로 풍부한 아미노산과 지방산, 무기질 및 비타민이 풍부하고 진주, 전주 등 여러 지방의 향토 비빔밥의 경우에는 채소와 육류, 그리고 유지류의 배합이 일품인 요리로, 한 끼에 필요한 영양소를 골고루 섭취할 수 있는 균형 잡힌 영양식이라고 할 수 있다. 또, 호박과 팥을 재료로한 죽과 범벅 음식들은 베타카로틴이 풍부하고 팥에서 오는 단백질과 비타민의 공급으로 우수한 영양성을 가진다. 또 검은깨로 만든 흑임자죽은 우수한 보양식인데 필수지방산, 리놀렌산(50%), 단백질(20%) 및 칼슘(100mg%), 철분이 많다.

육개장은 양질의 단백질과 지방의 공급원이며 섬유질(채소에서)과 비타민C가 풍부한 영양소를 갖춘 식품이다. 또 한국의 육류요리 중 쇠고기, 참기름, 마늘, 깨, 파, 생강과 간장 등이 주재료인 불고기의 조리법은 다진 마늘에서 오는 단백질의 소화력 강화 및 마늘의 항산화성과 깨소금의 비타민E 보급으로 가열 산패하기 쉬운 다불포화지방산을 안정시키고, 깨에서 오는 무기질, 칼슘과 육류에서 오는 철분, 아연 등도 좋은 무기질 공급원이 된다.

또, 미역을 이용한 국의 종류가 많은데 미역은 옛날부터 산부 및 아동들의 국으로 많이 이용되어 왔다. 왜냐하면 미역은 칼슘 함량이 높고, 요오드를 많이 함유(20~190mg/100g)하고 있어, 특히 산모의 혈액 정화와 회복에 유리한 식품이기 때문이다.

향토음식의 우수성은 병을 예방하거나 치료하는 약리적 가치를 가지고 있다. 우리나라의 향토음식으로 유명한 인삼닭곰, 잉어닭곰 등은 훌륭한 보혈강장제이고, 오미자차, 배숙, 수정과, 인삼차 등은 강정, 강장, 건위제로 좋고 식욕을 돋우어 주는 좋은 음식이다. 또, 우리의 향토음식은 우리나라에서 산출되는 고기, 생선, 향신료, 양념 그리고 산나물류인 참나물, 도라지, 두릅, 더덕, 바다의 미역, 다시마, 김 등과 같은 약용 식물들을 조리에 재료로 사용함으로써 건강 증진에 좋은 역할을 한다.

4. 향토음식의 종류

향토음식의 종류로는 함경도 음식, 평안도 음식, 황해도 음식, 강원도 음식, 경기도 음식, 충청도 음식, 경상도 음식, 전라도 음식, 제주도 음식, 서울 음식으로 나눠볼 수 있다.

함경도 음식

　함경도는 우리나라의 최고봉인 백두산과 함께 개마고원이 있는 험악한 산간지대이다. 영흥만 부근에 평야가 조금 있을 따름이어서 논농사는 적고 밭농사를 많이 한다. 특히 함경도는 콩의 맛이 뛰어나고 잡곡의 생산량이 많다. 함경도와 닿아 있는 동해안은 한류와 난류가 교류하는 세계 3대 어장의 하나로 명태, 청어, 대구, 연어, 정어리, 삼치 같은 여러 가지 생선들이 두루 잘 잡힌다. 잡곡의 생산이 풍부하여 주식은 기장밥, 조밥 같은 잡곡밥이 많으며, 쌀, 조, 기장, 수수는 매우 쫄깃쫄깃하고 구수하다. 감자, 고구마도 질이 우수하여, 녹말을 만들어서 냉면과 국수를 만들어 먹는다. 음식의 모양은 큼직하고 대륙적이며, 장식이나 기교를 부리지 않고 소박하다. 북쪽으로 올라갈수록 날씨가 추워, 고기나 마늘 등으로 몸을 따뜻하게 해주는 음식을 즐긴다. 다저기(다대기)라는 말은 이 고장에서 나온 것으로 고춧가루에 갖은 양념을 넣어 만든 양념의 고유한 말이다. 가자미식해가 가장 유명하고, 감자농마국수, 강냉이농마지짐, 장국밥, 감자떡, 귀밀떡, 갓김치 등이 있다. 또, 함흥국수는 양념으로 들깨가루를 치고 들기름을 넣어 졸인다. 명천 앞바다의 미역과 다시마를 이용하여 가늘고 길게 썰어 무쳐 먹는다. 송이버섯, 고사리가 유명하고 이 재료로 만든 음식이 발달되었다. 간은 짜지 않으나 고추와 마늘을 많이 넣어 양념을 강하게 써서 강한 맛을 즐기기도 한다. 함경도 음식은 대부분의 북부지방 음식이 그렇듯이 소박하며 시원스럽다.

　유명한 함경도 회냉면은 홍어, 가자미 같은 생선을 맵게 한 회를 냉면국수에 비벼서 먹는 독특한 음식이다. 함경도의 가장 추운 지방은 영하 40도까지 내려가기도 한다. 그래서 김장을 11월 초순부터 담그며, 젓갈은 새우젓이나 멸치젓을 약간 넣고 소금간을 주로 한다. 그리고 동태나 가자미, 대구를 썰어 깍두기나 배추김치 포기 사이에 넣는다. 김치 국물은 넉넉히 붓는다. 동치미도 담가 땅에 묻어 놓고, 살얼음이 생길 때쯤 혀가 시리도록 시원한 맛을 즐긴다. 이 동치미 국물에 냉면을 말기도 한다. 콩이 좋은 지방이라 콩나물을 데쳐서 물김치도 담근다.

　대표적인 함경도 음식은 가릿국, 회냉면, 가지마식해, 동태순대, 감자국수, 콩부침, 닭비빔밥, 잡곡밥, 찐조밥, 얼린콩죽, 감자막가리만두, 천렵국, 다시마 냉국, 동태매운탕, 영계찜, 두부전, 두부회, 찰떡인절미, 채칼김치, 생떡국, 굴냉국, 고사리장찌개, 명태찜, 가지찜, 명태밸젓 등이다.

가자미식해

필수 재료

참가자미 8마리, 메조 1컵, 무 600g,
엿기름 1+1/2컵, 파, 마늘,
고춧가루, 생강, 소금

만드는 법

1 가자미의 비늘과 내장을 제거하여 씻고, 소금에 절였다
　가 꾸들꾸들하게 말린다.

2 메조는 씻어 밥을 짓고, 엿기름가루를 고운체에 걸러 가
　루만을 사용한다.

3 **2**에 고춧가루, 파, 마늘, 생강을 넣고 소금간을 한다.

4 무는 썰어 소금에 절여 꼭 짠다.

5 **1**+**3**+**4**를 버무려 항아리에 꼭꼭 눌러 담는다.

Tip. 닭과 애호박 모두 길이를 길게 잘라 낸다.

콩부침

필수 재료

흰콩 2컵, 쌀 1/2컵, 돼지고기 300g,
실파 50g, 풋고추 3개, 파 1큰술,
마늘 1/2큰술, 생강 1/2작은술, 후춧가루 약간,
소금 1작은술, 간장 1작은술

만드는 법

1 흰콩과 불린 쌀을 함께 블랜더에 간다.

2 **1**에 돼지고기를 잘게 썰어 넣고, 실파, 풋고추는 링 모
　양으로 썰어 섞어 준다.

3 팬을 달구어 기름을 붓고 한 숟가락씩 떠서 지져낸다.

Tip. ① 돼지고기는 양념해서 이용한다.
　　　② 기름을 너무 많이 사용하여 지지지 않도록 한다.
　　　③ 소금간은 한꺼번에 많이 하면 삭는다.

닭고기비빔밥

필수 재료

닭(小) 1마리, 애호박 1개, 콩나물 500g,
파 1큰술, 마늘 1큰술, 고춧가루 약간,
참기름 2큰술, 깨소금 1큰술, 간장, 소금

만드는 법

1. 닭은 삶아 살을 결대로 찢는다.
2. 애호박은 소금에 절여 볶는다.
3. 콩나물은 물을 조금 넣어 삶아서 무친다.
4. 밥을 그릇에 담고 **1**+**2**+**3**을 양념장에 버무려 밥 위에 얹는다.

Tip. 닭과 애호박 모두 길이를 길게 잘라 낸다.

북어회

필수 재료

북어 200g, 파 20g, 마늘 10g,
고추장 30g, 식초 40g, 설탕 30g,
기름 10g, 깨소금 약간

만드는 법

1. 껍질 벗긴 북어살을 5cm 길이로 찢어서 물에 약 5분 동안 담갔다가 건진다. 약 10분가량이 지나면 북어살이 부드러워진다.
2. 고추장, 식초, 당분을 섞고 곱게 다진 파와 마늘을 넣어 초고추장을 만든다.
3. 찢어 놓은 북어에 초고추장을 넣고 주물러 무친 다음 깨소금과 기름을 넣고 다시 무친다.

평안도 음식

남한에서 전라도 음식을 꼽는다면 북에서는 평안도 음식이 맛으로는 으뜸이다. 그 중 평양냉면의 맑고 깔끔한 뒷맛을 들 수 있다. 평안도의 동쪽은 산이 높고 험하며, 서쪽은 서해안에 면하여 해산물이 풍부하고, 넓은 평야로 곡식도 풍부하다. 옛 부터 중국과의 교류가많은 지역으로, 평안도 사람의 성품은 진취적이고 대륙적이다. 따라서 음식 솜씨도 먹음직스럽고 크게 하며 푸짐하게 많이 만든다. 서울 음식이 크기를 작게 하고 기교를 많이 부리는 데 비해 매우 대조적이다. 곡물 음식 중에서는 메밀로 만든 냉면과 만둣국 등 가루로 만든 음식이 많다. 겨울에 추운 지방이어서 기름진 육류 음식도 즐기고, 밭에서 많이 나는 콩과 녹두로 만드는 음식도 많다. 음식의 간은 대체로 심심하고 맵지도 짜지도 않다. 예쁜 것보다 소담스럽게 만들어 많이 먹는 것을 즐긴다.

노치-찹쌀, 기장쌀, 조찹쌀가루를 익반죽하여 엿기름가루를 넣고 삭혀서 지진 떡(맛이달고 새콤하며, 쫄깃쫄깃함), 가지로 만든 음식, 녹두지짐, 밴뎅이젓, 새우젓이 유명하다.

평안도 음식의 종류는 다음과 같다.

평양냉면, 어복쟁반, 온반, 녹두지짐, 내포중탕, 굴만두, 노티(놋치), 되비지, 순대, 닭죽, 생치(꿩)냉면, 강량국수, 김치밥, 오이토장국, 무청곰, 돼지고기편육, 산적, 전어된장국, 두부회, 조개송편, 꼬장떡, 찰부꾸미, 남새밥, 대동강 숭어국, 평양백김치, 찹쌀노치 등이 있다.

쟁반국수

필수 재료

메밀국수 300g, 양지머리 200g,
표고버섯 3개, 느타리버섯 3개,
계란 1개, 배 1/2개, 파, 마늘

만드는 법

1 메밀국수는 끓는 물에 삶아 물기를 뺀다.

2 양지머리는 편육으로 삶아 얇게 저민다.

3 표고는 채 썰고, 느타리버섯은 잘게 찢어 준다.

4 계란을 삶아 얇게 저민다.

5 배는 껍질을 까서 채 썬다.

6 재료를 쟁반(유기그릇)에 준비된 재료를 돌려 가며 놓고,
육수를 부어 가면서 따뜻하게 양념장을 넣어 먹는다.

Tip. 육수는 양지머리, 사태, 무, 양파, 마늘, 파를 넣고 푹 끓인다. 이때 찌꺼
기는 꼼꼼히 걷어낸다.

되비지

필수 재료

노란콩 1컵, 돼지갈비 300g, 배추김치 150g,
무 150g, 새우젓 약간

만드는 법

1 콩은 물에 불리어 거피하여 블렌더에 거칠고, 되직하게
간다.

2 돼지갈비에 칼집을 1cm 정도 간격으로 내고 고기양념
(청장, 파, 마늘, 깨소금)을 한다.

3 무는 굵게 채썬다.

4 김치는 소를 털어 내고 2cm 정도로 자른다.

5 냄비에 기름을 붓고 달구어 2를 넣고 익히고, 4에 물
을 붓고 고기를 충분히 익힌다.

6 5에 무를 넣고 가만히 1을 붓고 중불로 끓인다.

Tip. ① 돼지고기 양념에 생강을 넣는다.
② 고기가 충분히 익어 우러난 후에 콩비지를 넣는다.
③ 큰 냄비를 사용하여 끓어 넘치지 않게 한다.

순대

필수 재료

돼지소장 100g, 돼지선지 1컵, 찹쌀 1컵, 숙주 200g,
우거지 200g, 파, 마늘, 생강, 된장, 소금, 후춧가루

만드는 법

1 소장을 고운 소금으로 문질러 노폐물을 빼어 내고 깨끗
   이 씻는다.

2 찹쌀은 불려 깨끗이 씻어 물기를 빼고 찜통에 쪄서 익
   힌다.

3 무청을 말린 우거지를 삶아 곱게 다져 물기를 꼭 짠다.

4 숙주는 소금물에 데쳐 곱게 다진다.

5 **2**+**3**+**4**와 돼지선지를 섞고, 파, 마늘, 생강, 된장, 소
   금을 넣어 골고루 섞어 준다.

6 **1**에 **5**를 너무 지나치게 채우지 않는다.

7 양끝을 실로 묶고, 이쑤시개를 5~6군데 구멍을 내어
   준다.

8 된장을 푼 끓는 물에 삶아 준다.

9 다 익으면 꺼내서 식혀 얌전히 썰어서 소금, 고춧가루,
   깨소금, 후추를 섞어 양념장을 만들어 같이 대접한다.

Tip. ① 파, 마늘, 생강을 많이 사용한다.
　　② 속을 만들 때 맨 나중에 선지를 넣는다.
　　③ 찹쌀밥이 뭉치지 않게 골고루 잘 섞어 준다.
　　④ 된장은 돼지고기 냄새를 제거해 준다.

조개송편

필수 재료

쌀가루 2컵, 깨, 설탕, 계핏가루, 참기름, 소금

만드는 법

1 쌀가루를 체에 내려 끓는 물에 익반죽한다(많이 치댄다).

2 깨는 볶아서 대강 빻아 설탕, 계핏가루, 꿀로 개어 속을
   넣는다.

3 20g 정도씩 떼어 조개 모양으로 빚는다.

황해도는 북부지방의 곡창지대로, 연백평야와 재령평야에서의 쌀 생산이 풍부하고 잡곡의 생산도 많다. 특히 남부지방 사람들이 보리밥을 즐기듯이 조밥을 많이 해 먹는다. 곡식의 질이 좋아 가축들의 사료도 맛이 있어 고기의 맛도 유별나다고 한다. 밀국수나 만두에는 닭고기가 많이 쓰인다. 해안지방은 조석 간만의 차가 크고 수심이 낮으며, 소금의 생산이 많다. 황해도는 인심이 좋고 생활이 윤택하여 음식도 양이 풍부하고 요리에 기교를 부리지 않아 구수하면서도 소박하다. 만두도 큼직하게 빚고 밀국수를 즐겨 먹는다. 간은 짜지도 싱겁지도 않아, 서해를 끼고 있는 충청도 음식의 간과 비슷하다.

김치에 독특한 맛을 내는 고수와 분디라는 향신 채소를 쓴다. 미나리과에 속하는 고수는 강한 향이 나는 것으로, 중국에서는 향초라고 한다. 서울이나 다른 지방 사람에게는 잘 알려지지 않았지만 배추김치에는 고수가 좋고, 호박김치에는 분디가 제일이다. 호박김치는 충청도처럼 늙은 호박으로 담궈 그대로 먹는 것이 아니라 끓여서 익혀 먹는다. 김치는 맑고 시원한 국물을 넉넉히 하여 만드는데, 특히 동치미 국물에 찬밥을 말아 밤참으로 먹는다.

음식의 종류로는 청포묵, 되비지탕, 행적, 남매죽, 냉콩국, 돼지족조림, 김치밥, 김치말이, 고수김치, 씻긴국수, 수수죽, 밀범벅, 밀낭화(칼국수), 순두부찌개, 김칫국, 조기매운탕, 잡곡전, 대합전, 김치순두부, 된장떡, 고기전과 또 떡으로는 녹두고물로 하는 시루떡과 오쟁이떡, 해주비빔밥, 녹두농마국수, 숭어찜, 개성무찜, 녹두지짐, 연안식해, 오메기떡 등이 있다.

녹두지짐

필수 재료

녹두 1컵, 돼지고기(갈은 것) 50g, 숙주 50g,
고사리 50g, 찹쌀가루 3큰술, 파 10g,
실고추 약간, 마늘 1/2큰술,
생강 1작은술, 식용유

만드는 법

1 녹두는 하룻밤 불려 깨끗이 씻어서 믹서에 갈아 소금간
　을 하고, 찹쌀가루로 농도를 맞춘다.

2 돼지고기는 갈아서 소금, 후추, 생강, 마늘, 파로 양념해
　둔다.

3 숙주는 거두절미하여 데치고, 고사리는 3cm 길이로 자
　른다. 파는 어슷썰기한다.

4 2와 3을 잘 섞는다.

5 1을 팬에 한 국자 떠놓고, 4의 준비된 속을 올린다. 이
　때 식용유를 넉넉히 두른다.

행적

필수 재료

배추김치 100g, 돼지고기 200g,
실파 50g, 고사리 100g,
밀가루 1컵, 계란 2개, 식용유 약간

만드는 법

1 실파를 김치 길이와 같게 썰고, 고기도 같은 길이로 썬
　다. 고사리도 같은 길이로 썰어 양념한다.

2 김치는 참기름, 깨소금으로 간한다.

3 꼬치에 김치 → 파 → 고사리 → 고기 순으로 끼운다.

4 3에 밀가루 → 계란을 묻혀서 식용유에 지진다.

김치밥

필수 재료

배추김치 1/4쪽, 쇠고기 100g, 쌀 4컵,
당근 1/2개, 고사리 100g, 숙주 70g,
참기름 1큰술, 간장 3작은술, 설탕 1큰술,
소금 · 후추 · 깨소금 각각 약간

만드는 법

1 쌀을 씻어 30분 정도 물에 담구었다가 물기를 뺀다.

2 배추김치는 속을 털어 내고 1cm 폭으로 송송 썰어, 깨
  소금과 참기름을 넉넉히 넣어 무친다. 쇠고기는 김치 크
  기로 썰어 양념한다.

3 솥에 기름을 두르고 고기를 볶다가 김치를 넣은 후, 씻어
  놓은 쌀을 위에 얹고 물을 부어 밥을 한다.

4 당근은 채 썰어 소금, 후추를 뿌려 볶는다.

5 고사리는 양념하여 볶는다.

6 숙주는 데쳐서 소금, 후추를 넣고 무친다.

7 밥이 완성되면 그릇에 담고 볶은 나물을 올려 담아낸다.

오쟁이떡

필수 재료

찹쌀 5컵, 거피팥 2컵, 콩가루 1컵,
소금 약간, 설탕 약간

만드는 법

1 찹쌀가루는 소금을 넣고 체에 내려 찜통에 찐 다음, 절구
  에 쳐서 달걀 크기보다 약간 크게 떼어 둥글게 빚는다.

2 거피팥은 불려서 쪄 으깨고, 설탕을 넣어 버무려서 둥글
  게 빚는다. 이것을 **1** 속에 넣고 콩가루를 묻혀서 낸다.

Tip. 떡을 만들 때 소금물을 발라 가면서 하면 손에 잘 붙지 않는다.

강원도 음식

　강원도의 고원지대에는 찰옥수수, 메밀, 감자가 많이 생산되고 해안에서는 오징어, 명태, 해초가 생산되며, 산악지대에서는 두릅, 곰취 등의 향기로운 산채와 석청 등이 많이 생산된다. 도토리묵을 차가운 동치미국에 곁들여 부들부들 떨면서 먹는 것은 강원도지방 겨울철의 풍경이며, 강원도는 감자바위라고 일컬을 정도로 많이 생산되는 감자로 감자묵을 만든다. 그리고 이곳은 메밀의 산지여서 메밀국수집이 많고, 메밀총떡을 즐긴다. 또 옥수수를 갈아서 끓는 물에 넣으면 올챙이 모양으로 굳어지면서 익는다. 이것을 고춧가루, 다진 파와 마늘, 식초로 양념한 간장으로 간을 하여 먹으면 쫄깃쫄깃하고 구수한데, 이것을 올갱이묵죽이라 한다. 또 진달래화전을 금강산 석청에 재워 먹는 것도 이곳의 별미이고, 토란아욱죽은 여름철의 별미이다. 지누아리(해초의 일종)의 장아찌, 미역쌈도 역시 이곳의 명물이다.

　영서지방과 영동지방에서 나는 산물이 크게 다르고 산악지방과 해안지방도 크게 다르다. 음식이 사치스럽지 않고 극히 소박하고 먹음직스럽다. 감자, 옥수수, 메밀을 이용한 음식이 다른 지방보다 매우 많다. 산악이나 고원지대에는 옥수수, 메밀, 감자 등이 많이 나는데, 쌀농사보다 밭농사가 더 많다. 산에서 나는 도토리, 상수리, 칡뿌리, 산채 등은 옛날엔 구황식물에 속했지만, 지금은 널리 이용하는 음식이 많다. 해안에서는 생태, 오징어, 미역 등 해초가 많이 나서 이를 가공한 황태, 건오징어, 건미역, 명란젓, 창란젓을 잘 담근다. 산악지방은 육류를 쓰지 않고 소(素)음식이 많으나, 해안지방에서는 멸치나 조개 등을 넣어 음식 맛이 특이하며, 음식 종류는 다음과 같다.

　감자부침, 감자떡, 통태구이, 감자경단, 도토리묵, 상수리묵, 북어식해, 강원도막국수, 섭죽, 더덕생채, 오징어순대, 총떡, 오징어무침, 오징어불고기, 취나물, 오징어회, 콩나물, 석이볶음, 메추리튀김, 씀바귀김치, 머루주, 강원도담수송어, 꾹저구탕, 고구마범벅, 강냉이차, 오징어젓, 옥수수범벅, 토장아욱국수, 취쌈, 팥국수, 콩죽, 호박범벅, 풋고추범벅, 강냉이밥, 메밀국죽, 올챙이국수, 뽕잎국수, 꿩만두, 더덕생채, 취나물, 고구마순볶음, 오징어구이, 감자부침, 메밀묵, 초당두부, 명란젓, 명태서거리, 감자붕생이, 찰옥수수시루떡 등이 있다.

콩갱이

필수 재료

콩 1kg, 감자 6~7개, 쌀 500g, 김치 70g

만드는 법

1. 콩을 물에 불려 맷돌에 간다.
2. 소금을 물에 녹여 놓는다.
3. 냄비에 물, 백김치, 갓김치, 감자, 쌀, 메밀쌀을 넣고 끓이다가 갈아 놓은 콩을 조금씩 넣어 가면서 젓는다.
4. 물이 끓으면 간 콩을 조금씩 넣은 후 준비된 소금을 흩어 뿌린다.
5. 먹기 전 된장에 물을 약간 붓고 갖은 양념과 풋고추, 달래를 넣고 그 다음에 볶음장을 넣고 콩갱이와 같이 섞어서 먹는다.

막국수

필수 재료

메밀국수 400g, 배추김치 1/2포기, 동치미무 1/2개, 오이 1개, 계란 1개, 닭고기(돼지고기) 200g, 파, 마늘, 참기름, 깨소금, 소금, 김치국물

만드는 법

1. 닭은 넉넉한 물에 넣고 삶아서 익으면 건져내어 굵게 찢은 후 소금, 후추, 참기름, 깨소금에 무쳐 놓는다.
2. 국물은 차게 익혀 기름기를 제거하고 김치국물과 소금으로 간한다.
3. 오이는 어슷썰기하여 소금에 절이고, 동치미무와 김치는 나박썰기하여 양념한다.
4. 끓는 물에 메밀국수를 넣고 끓어오를 때 물 1/2컵을 넣고 충분히 삶아지면 찬물에 헹궈 물기를 뺀다.
5. 그릇에 국수를 담아 준비한 고명을 올려놓고 차게 식힌 육수를 부어 상에 낸다.

감자옹심이

필수 재료

감자 600g, 소금 10g, 사골국물 1ℓ, 깨소금 20g,
김가루 2g, 계란 1개, 양념장

만드는 법

1️⃣ 감자 껍질을 깨끗이 벗겨 강판에 갈아 보자기에 물기를
약간 짜서 앙금을 가라 앉힌다.

2️⃣ 앙금과 감자 건더기를 섞어 소금으로 간을 하여 새알크
기로 빚는다.

3️⃣ 사골국물에 통감자를 넣고 푹 삶은 후 그 국물에 옹심이
를 넣고 끓인다.

4️⃣ 소금으로 간을 한 후 고명을 얹어 낸다.

닭갈비

필수 재료

닭갈비 800g, 양배추 100g, 당근 50g,
고구마 50g, 양파 50g, 파 2뿌리

양념장

고추장 2큰술, 간장 1큰술, 고춧가루 1큰술,
마늘 6쪽, 생강 2쪽, 후추 약간, 설탕 1큰술,
참기름 1작은술, 정종 1큰술, 카레가루 1작은술,
양파즙 3큰술, 물엿 2작은술

만드는 법

1️⃣ 양념 고추장을 닭갈비에 골고루 발라 7~8시간 재운다.

2️⃣ 뜨겁게 달군 팬에 기름을 두르고 도톰하게 채 썬 양배
추, 고구마, 당근, 파를 넣는다.

3️⃣ 2️⃣위에 재운 갈비를 얹는다.

4️⃣ 야채와 닭갈비를 함께 볶다가 닭갈비가 익으면 적당하
게 잘라서 먹는다.

메밀총떡

필수 재료

메밀가루 2컵, 돼지고기 100g, 통배추김치 150g,

양념

소금 1작은술, 파 2큰술, 마늘 1큰술, 참기름 1큰술,
깨소금 1큰술, 후춧가루 1작은술

만드는 법

1. 메밀가루에 물을 조금씩 부어 가며 거품기로 잘 혼합한
   다(메밀가루 : 물 = 1컵 : 1+1/2컵).

2. 소 만들기

   ㉮ 김치는 곱게 다진다.

   ㉯ 돼지고기는 삶은 후 잘게 썬다.

   ㉰ ㉮, ㉯를 양념장으로 무친다.

3. 팬에 기름을 두르고 충분히 달군 후, **1**을 한 국자 떠서
   둥글게 부치어 살짝 익힌 후 가운데에 소를 넣고 말아
   준다.

Tip. ① 메밀반죽 농도가 질어질수록 얇게 부칠 수 있다.
　　② 김치는 너무 곱게 다지지 않는다. 무나물을 사용하기도 한다.
　　③ 메밀만 사용하면 끈기가 없어, 밀가루나 녹말가루를 약간 섞기도
　　　 한다.
　　④ 팬을 잘 달구어서 사용해야 쉽게 눌어붙지 않는다.

감자송편

필수 재료

감자(大) 3개, 강낭콩 1/2컵, 소금 1작은술, 감자 녹말 1컵

만드는 법

1. 소금물에 생감자를 갈아 낸다.

2. 가제 수건으로 짜낸다.

3. 그릇의 물을 버리면 감자의 앙금이 남는다(녹말가루).

4. **2**의 건지와 **3**의 앙금을 섞어 1%의 소금물로 익반죽
   한다.

5. 강낭콩을 넣은 후 손으로 빚을 때 손자국을 낸다.

6. 찜통에 행주를 깔고 찐다.

7. 완성되면 참기름을 바르고 목기에 담아낸다.

Tip. 감자송편은 날감자를 갈아서 하는 것보다 삭힌 감자전분을 익반죽하여
　　만들면 그 맛이 독특하다.

오징어순대

필수 재료

물오징어(中) 1마리, 두부 1/3모,
숙주 50g, 파 1큰술,
마늘 1큰술, 생강즙 1큰술,
풋고추 1개, 붉은고추 1개,
달걀 1개, 소금 1/2작은술, 후추 1작은술

Tip. ① 오징어의 선도 판별법
  • 좋은 상태 : 검은색을 띠고 선명하다.
  • 좋지 않은 상태 : 붉은색을 띤다.
② 오징어에 속을 넣고 끝에서 1cm 정도까지 넣지 않는다.
③ 썰 때는 톱 썰듯이 살살 자른다.
④ 크기가 작은 오징어로 만드는 것이 훨씬 맛도 있고 보기에도 좋다.

만드는 법

1 오징어는 몸통을 가르지 않은 채 내장을 빼내고 다리를 떼어낸 다음 마른 헝겊으로 껍질을 벗긴다. 그리고 밀가루를 몸속에 넣어 털어 낸다.

2 오징어 다리는 껍질을 벗기고 뜨거운 물에 데쳐 다진다 (너무 곱지 않게 준비).

3 두부는 헝겊에 싸서 물기를 꼭 짜고, 숙주는 데쳐 물기를 꼭 짜고 잘게 썬다.

4 풋고추, 붉은고추를 다진다(너무 곱지 않게 준비).

5 2, 3, 4에 계란을 풀어 버무리고 소금, 후추로 간한다.

6 오징어에 5를 숟가락으로 떠서 오징어 몸통에 2/3 정도 속을 넣는다. → 꼬치로 꿰맨다.

7 찜통에 약 20분 정도 찐다.

8 식혀서 1cm 두께로 둥글게 썰어 낸다.

경기도는 옛 서울 개성을 포함하고 서울을 둘러싸고 있는 지형으로 산과 바다로 접해 있으며 한강을 끼고 있어 선사시대부터 생활은 수렵, 어업, 농경의 풍부한 물자와 다채로운 재료에 의한 식생활로서 우리 민족의 우수한 식문화를 유지하고 있다. 서해안은 해산물이 풍부하고 동쪽의 산간지방은 밭농사와 벼농사로 활발하여 농산물이 풍부한 편이다. 남쪽과 북쪽의 극단적인 기후 분포가 없이 온화하여 맛에서도 온화함이 주종을 이룬다. 호화롭고 사치한 개성음식을 제외하고는 대체로 수수하고 소박한 음식이 많으며, 간은 중간정도이고 양념은 쓰지 않는 편이다. 곡물음식으로 오곡밥과 찰밥을 즐기고, 국수는 해물칼국수를 즐기고 구수한 음식이 많다. 농산물이 풍부하여 개성의 화려한 떡이 많이 발달하였다.

경기도 음식의 종류는 다음과 같다. 개성편수, 조랭이떡국, 제물칼국수, 팥밥, 오곡밥, 수제비, 냉콩국수, 삼계탕, 갈비탕, 곰탕, 개성닭젓국, 아욱토장국, 민어탕, 감동젓찌개, 종갈비찜, 홍해삼, 개성무찜, 용인외지, 개성보쌈김치, 무비늘김치, 순무김치, 개성경단, 우메기떡, 수수도가니, 개떡, 여주산병, 개성약과, 모과청화채, 오미자화채, 소머리국밥, 호두죽, 미꾸라지털래기, 무찜, 부추장떡, 쪽물김치, 비늘김치, 부추김치, 무릇장아찌, 매실장아찌, 수수옴팡떡 등이 있다.

조랭이떡국

필수 재료

조랭이 떡 10가닥, 육수 6컵, 쇠고기 100g, 실파 4뿌리,
달걀 1개, 파 1큰술, 마늘 1큰술, 후추 약간

쇠고기 양념

파 1작은술, 마늘 1작은술, 간장 1큰술, 깨소금 1작은술,
참기름 1작은술, 후춧가루 약간, 설탕 약간

만드는 법

1. 조랭이 떡은 뜨거운 물에 데친다.
2. 육수는 사태와 양지머리, 파, 마늘, 후추를 넣고, 끓으면 건져 내어 청장으로 간한다.
3. 2에서 건진 고기를 결대로 찢고, 소금, 후추, 참기름, 파, 마늘을 양념하여 무친다.
4. 2가 끓으면 1을 넣고 끓여 떡이 떠오르면 불을 끈다.
5. 그릇에 4를 담고, 웃기로 계란 노른자와 흰자를 완자형으로 썰어 얹거나 3의 고기를 얹는다.

Tip. ① 웃기로 계란 노른자, 흰자 대신 고기산적(고기 → 실파 → 고기 → 실파 순으로 꼬치에 끼운다)을 얹기도 한다.
② 조롱 모양 : '악귀를 병에 모은다'는 주술적인 의미를 포함한다.
③ 누에 모양 : 길함을 뜻한다.
④ 이성계의 목을 자른다는 의미에 개성 사람들이 많이 만들어 먹었다.

개성편수

필수 재료

밀가루 2컵, 두부 100g, 달걀 1개, 쇠고기 200g,
표고버섯 3개, 실백 1큰술, 애호박 1개,
숙주 100g, 소금 약간

양념

간장 1큰술, 다진파 1 1/2큰술, 다진 마늘 1큰술,
설탕 2작은술, 후춧가루 1작은술, 참기름 1큰술,
깨소금 1큰술, 맑은장국 5컵

만드는 법

1. 밀가루를 반죽하여 만두피를 만든다.
2. 숙주는 거두절미하여 데쳐 물기를 짜고 자른다.
3. 쇠고기는 곱게 다진다.
4. 계란 노른자를 섞어 만두소를 만든다.
5. 애호박과 표고버섯은 채 썰어 다진다.
6. 두부는 물기를 짜고 으깬다.
7. 모든 재료를 섞고 양념하여 네모나게 빚는다.
8. 만두를 만들어 한 번 찐다.
9. 육수에 간을 맞추고 만두를 넣어 한 번 끓인다.

Tip. ① 겨울 음식으로 뜨거운 만두이다.
② 반죽 시 흰자를 첨가하면 끈기가 있다.

비늘김치

필수 재료

무(中) 10개, 무청 20개, 미나리 1/2,
새우젓 1컵, 고춧가루 1/2, 멸치액젓 1컵,
배 1개, 양파 2개, 마늘 3통, 생강 1톨,
찹쌀가루 1컵, 굵은소금 약간, 쪽파 1/2단

만드는 법

1. 무는 깨끗하게 씻어서 반을 갈라서 칼집을 넣은 후 소금
   에 절이고, 무청도 버리지 말고 소금에 절인다.
2. 무, 미나리는 4cm 길이로 썰고, 배는 채 썰고, 양파, 생
   강은 곱게 믹서에 갈아 놓는다.
3. 찹쌀풀은 조금 되직하게 쑤어 놓고 마늘은 곱게 다지고
   파는 곱게 채친다.
4. 준비한 양념을 다 버무려 가지고 칼집 넣은 무에 사이사
   이 넣어준다.
5. 배추 절여 놓은 것을 남은 양념에 버무려 무를 1개씩 싸
   항아리에 차곡차곡 넣어 익힌다.

백보쌈동치미

필수 재료

배추 1포기, 무 1개, 양파 1개, 새우젓 1/2컵,
마늘 1 1/2큰술, 생강 1/2큰술, 대파 1큰술

고명

배 1/4쪽, 미나리 20g, 대추 3개, 잣 7알, 밤 1개, 실고추 약간

만드는 법

1. 배추 겉잎은 소금물에 절인다.
2. 고갱이 배추 잎과 무는 2~3cm로 납작하게 썰어 살짝
   절인 뒤에 새우젓을 곱게 다진다. 마늘, 생강에 버무린
   뒤 배추잎에 고명과 함께 싼 다음 항아리에 차곡차곡 담
   아 따로 익힌다.
3. 국물은 무와 양파를 갈아 면 자루에 담고 마늘, 생강 저
   민 것, 배, 대파를 넣어 소금과 설탕으로 간을 한 후 항
   아리에 담아 익힌다.
4. 상에 낼 때는 오목한 그릇에 백 보쌈과 국물을 같이 담
   는다.

06
충청도 음식

농업이 주가 된 지역으로 쌀, 보리, 고구마, 무, 배추 등이 생산되고, 서쪽 해안지방은 해산물이 풍부하다. 삼국시대에 백제의 땅으로 쌀을 많이 생산하였고, 북방 고구려 땅은 조가 주곡이고, 경상도 신라의 땅은 보리가 주곡이었으리라 추정할 정도로 많이 경작하는 한편, 쌀의 생산도 많았다. 특히 보리밥 솜씨가 훌륭하다. 음식들은 충청도 사람들의 소박함 그대로 꾸밈이 별로 없는 음식이 많다. 충북 내륙에서는 산채와 버섯들이 많이 있어 그 솜씨가 일품이다. 충남은 수산물이 많으나, 내륙지방인 충남은 그렇지 못하여 자반, 젓갈이 고작이지만, 산야에서 채취한 향기로운 산채버섯이 일품이다.

백마강의 웅어회, 공주의 장국밥, 간월고의 어리굴젓, 게젓, 소라젓 등이 유명하고, 단호박으로 쑨 호박죽과 호박고지, 호박범벅도 그 맛으로는 손꼽을 만하다. 또 이 고장 사람들은 추수 후에 논이나 방죽에서 잡히는 민물새우와 싱싱한 무를 곁들여 요리한 구수한 무지짐이를 즐긴다. 농경이 발달한 곳이라 죽, 국수, 수제비, 범벅 등을 많이 만들고, 호박떡도 많이 만든다. 또, 굴이나 조갯살 등으로 국물을 내어 날떡국이나 칼국수를 끓이는 솜씨가 있다. 된장도 즐겨 사용하며, 겨울에는 청국장을 만들어 찌개를 끓인다. 충청도 음식은 경상도 음식처럼 매운맛이 없고, 전라도 음식처럼 사치함도 없으나 담백, 구수하고 소박한 음식이 많다.

산물은 농업이 주가 되고, 쌀, 보리, 고구마, 무, 배추, 목화, 모시 등이 생산되며, 특용 작물로는 담배, 인삼, 약초 등이 있고, 양잠도 성하다. 수산물은 숭어, 갈치, 가오리, 조기, 김, 조개, 꽃게, 새우, 굴 등이 생산된다.

대표적인 음식으로는 다음과 같은 종류들이 있다.

콩나물밥, 보리밥, 찰밥, 칼국수, 호박범벅, 굴냉국, 넙치아욱국, 청포묵국, 시래기국, 호박지찌개, 청국장찌개, 장떡, 말린묵볶음, 호박고지적, 오이지, 웅어회, 상어찜, 애호박나물, 참죽나물, 어리굴젓, 쇠머리떡, 꽃산병, 햇보리떡, 약편, 도토리떡, 모과구이, 무엿, 수삼정과, 찹쌀미수, 복숭아화채, 호박꿀단지, 물호박떡, 문주떡 등이 있다.

물호박떡

필수 재료

쌀 5컵, 소금 1큰술, 설탕 1/2컵,
늙은호박(中) 1/3개, 거피팥 4컵

만드는 법

1. 쌀가루를 체에 내려, 물 1컵에 소금 1큰술을 넣고 호박을 섞어 준다.
2. 설탕의 반은 호박에, 반은 쌀에 섞는다.
3. 거피팥을 쪄서 체에 내린다.
4. 시루밑이나 유선지 위에 1cm 정도의 거피팥, 1cm 정도의 쌀가루와 호박을 섞고, 호박이 옆으로 눕게 쌀가루를 넣어서 고르게 해준다.
5. 팥가루는 가장자리부터 넣어 준다.
6. 시루에 40~50분 정도 찐 후, 5분 정도 뜸을 들인다.
7. 위에 쟁반을 얹고 앞으로 해서 뒤집는다.

Tip. ① 시루번은 불을 끄고 붙인다.
② 호박 : 청둥호박(들어서 무겁고 색이 진할수록 달고 맛이 좋다.)
③ 고물 : 흰 팥고물
④ 떡의 수분이 중요하다.
⑤ 팥고물 → 호박 썬 것+쌀가루 → 팥고물 → 호박 썬 것+쌀가루 → 팥고물 순으로 얹어서 찐다.

청국장

필수 재료

청국장 60g, 두부 1/4모,
쇠고기 50g, 풋고추 1개,
파 2작은술, 마늘 1작은술,
고춧가루 1작은술, 소금 약간,
쌀뜨물 3컵

만드는 법

1. 쇠고기는 채 썰어 청장으로 간한다.
2. 냄비에 기름을 조금 두르고, **1**을 볶다가 뜨물을 부어 장국을 끓인다. 나박썰기한 무도 함께 넣는다.
3. **2**에 청국장을 넣어 푼다.
4. 두부는 사방 2cm로 잘라 넣고, 풋고추, 호박을 넣는다.
5. 간이 약하면 청장, 소금으로 간하여 살짝 끓인다.

Tip. ① 맑은 장이 없을 때는 간장, 소금을 대신 사용한다.
② 김치를 이용할 때 소가 많은 경우 속을 털어서 사용한다.
③ 청국장은 오래 끓이지 않고 살짝 익힌다.

호박고지적

필수 재료
호박고지 100g, 실파 70g,
쇠고기(우둔살) 100g,
찹쌀가루 1컵, 꼬치 약간

고기양념장
파 1큰술, 마늘 1큰술, 설탕 1큰술, 간장 1큰술, 후춧가루 약간

만드는 법
1️⃣ 호박고지를 불려 5~6cm 정도로 준비하여 양념한다.
2️⃣ 실파, 쇠고기도 5~6cm 정도로 준비하고, 쇠고기는 양념한다.
3️⃣ 호박고지 → 실파 → 쇠고기 순으로 2번 되풀이하여 꽂는다.
4️⃣ 찹쌀가루를 물에 풀어 3️⃣을 적셔 기름에 지진다.

Tip. 날것을 재료로 산적을 할 때는 꼬치를 위쪽에 꽂는다.

가지김치

필수 재료
가지(小) 3개, 부추 50g,
소금 1큰술, 파 1큰술,
마늘 1+1/2작은술,
고춧가루 2큰술,
생강 1작은술,
멸치액젓 2큰술

만드는 법
1️⃣ 가지는 가운데 4군데에 칼집을 넣고, 소금에 절이거나 물에 잠깐 데쳐 물기를 꼭 짠다.
2️⃣ 부추는 잘게 썰어 양념하여 가지 속에 넣고 항아리에 담근다.
3️⃣ 하루면 익는다.

Tip. 여름 김치로 젓갈을 사용하지 않아도 된다.

해산물이 풍부하고, 경상남북도를 흐르는 낙동강은 풍부한 수량으로 기름진 농토를 만들어 농산물도 넉넉하다. 동쪽과 남쪽의 바다에서는 싱싱한 생선과 해초, 산지에서는 향기로운 산채를 손쉽게 얻을 수 있다. 이런 다양한 재료로써 만든 음식은 혀가 얼얼하도록 맵고 짜다. 그러나 이 속에는 감칠맛이 감돌게 마련이다. 젓갈은 멸치젓을 많이 쓰고, 그 종류는 전라도 다음으로 다양하다. 또 이곳에서는 국수를 즐기는데, 날콩가루를 섞어서 손으로 밀어 칼로 써는 칼국수를 제일로 치고, 장국국수에는 쇠고기보다 멸치나 조개를 많이 쓴다. 그리고 진주비빔밥에는 선짓국이 따르고, 동래파전은 햇미나리, 햇파, 생굴, 고동, 조개무리 등으로 만든다. 경상도 추어탕은 삶은 미꾸라지를 굵은 체에 담아 나무 주걱으로 으깨고 국물을 받아 내어 쓰는 것이 서울 추어탕과 다른 점이고, 된장 한 숟가락으로 미꾸라지의 비린내를 가시게 한다. 음식 맛은 맵고 짜며, 그 종류는 다음과 같다.

개장국, 경남생선회, 안동식혜, 고구마김치, 경상도잡채, 골곰짠지, 꿩만두, 고등어회, 과메기, 가죽·감자·고추부각, 가을갈치구이, 경남각색젓, 매운탕, 게장 담그는 법, 나물국, 꼴뚜기튀김, 대구알젓, 대구탕, 대구모젓, 동태고명지짐, 두부생채, 마산미더덕찜, 도루묵찌개, 멸간장, 마른대구찌개, 마른문어쌈, 메뚜기볶음, 엿꼬장, 민물고기국, 대추징조, 멸치회, 마른고기식해, 무메젓, 전복김치, 콩가루국, 싸메주꼬장, 바닷게찜, 고명굴젓, 개암장아찌, 언양미나리, 사연지, 어북장국, 잔게탕, 쑥굴레떡, 상어구이, 염소고기, 안동식혜, 암소갈비, 유과, 우렁회, 삼계탕, 속세김치, 우엉잎부각, 미역·홍합국, 진주비빔밥, 진주식혜, 진주유과, 호박잎국, 호박풀띠죽, 풍장어국, 추어탕, 우엉김치, 미나리찜, 콩잎장아찌, 통영돔찜, 통영비빔밥, 해파리회, 파전(東萊), 우렁찜, 전복젓, 재첩국, 헛제사밥, 양파범벅, 냉콩국수, 가죽자반, 가죽장아찌, 밤단자, 망개떡 등이 있다.

추어탕

필수 재료

미꾸라지 800g, 고추장 3큰술,
된장 2큰술(재래 된장을 사용할 것),
청장 2큰술, 후춧가루 1작은술, 배추 50g,
숙주 50g, 고비 50g, 대파 50g,
풋고추 30g, 생강 1쪽

만드는 법

1 미꾸라지는 먹기 며칠 전에 사다가 물에 몇 번씩 갈아
  준다(2~3일). 이것은 진흙을 토하게 한다.
2 깨끗이 씻어 여러 번 헹구고, 미꾸라지에 소금을 한 웅큼
  뿌린 뒤 뚜껑을 금방 덮고, 미꾸라지가 죽으면 푹 곤다.
3 체에 내려 뼈만 버린다.
4 물을 조금 넣고 불에 올린다.
5 된장과 갖은 양념을 넣는다.
6 배추, 숙주와 고비는 데쳐서 3cm 길이로 썬다. 파는 어
  슷썰기를 하고, 풋고추는 동글동글하게 썬다.
7 한번 끓으면 생강즙을 넣는다.
8 끓으면 센불을 중불로 해서 끓이고, 간은 소금으로 한다.
9 뚝배기에 담아낸다.

동래파전

필수 재료

실파(가는 것) 100g, 돌미나리(연한 것) 50g,
홍합 100g(혹은 바지락 50g), 쇠고기 100g,
쌀가루 3컵, 소금, 계란 2개, 양념

만드는 법

1 파와 미나리는 깨끗이 씻어 20cm 길이로 자른다.
2 홍합은 안의 검은 막을 떼어 내어 잘게 자르고, 쇠고기는
  결의 반대로 얇게 썰어 양념한다.
3 계란은 풀어 주고, 쌀가루는 소금간을 하여 물에 풀어서
  묽게 반죽한다.
4 팬을 충분히 달군 후 파, 미나리를 펼쳐 놓고, 쌀가루 반
  죽을 끼얹는다. 거기에 해산물과 고기를 얹고 익힌 다음,
  계란을 끼얹어 반숙 정도로 익힌다.
5 채반에 담았다가 접시에 담는다.

Tip. ① 모양은 네모로 부친다.
　　 ② 미나리 살짝 데치고 쇠고기는 다져서 볶는다.

파래생국

필수 재료

파래(생것) 100g, 무 100g,
식초 2큰술, 설탕 2작은술,
파 2작은술, 마늘 1작은술,
고춧가루 1큰술, 멸치젓 2큰술,
간장 2작은술

만드는 법

1. 파래를 여러 번 헹구어 물기를 짠 뒤 적당한 길이로 썰어 낸다.
2. 무는 곱게 채 썬다.
3. 1, 2를 양념하고 통깨를 뿌려 낸다.

안동식혜

필수 재료

찹쌀 2컵, 엿기름 1+1/2컵,
고운 고춧가루 3큰술, 밤채 3큰술,
무 1/2개, 생강 1뿌리, 잣 4큰술

만드는 법

1. 찹쌀을 깨끗이 씻어 불려서 찐다.
2. 엿기름을 곱게 빨아 체에 내린다.
3. 무는 1cm×1cm 되게 썰어 소금에 절인다.
4. 찐찹쌀을 식혀서 엿기름가루와 섞고, 물을 섞는다.
5. 고춧가루, 밤채, 절인 무, 생강채를 넣고 섞은 후, 작은 항아리에 담아 따뜻한 곳에 둔다.
6. 먹을 때에 잣을 얹어 낸다.

Tip. 겨울철에 어울리는 안동지방의 향토음식으로 정월 차례에 쓰이기도 한다. 밤 대신에 고구마를 넣어도 된다.

전라도 음식은 전주와 광주를 중심으로 발달하였으며, 음식이 사치스럽기가 개성과 맞먹는다. 경기도의 개성은 고려조의 음식을 전통적으로 지키면서 아주 보수적인데 비하여, 전라도는 조선조의 양반풍을 이어받아 고유한 음식 법을 지키고 있다. 기름진 호남평야를 안고 있어 농산물이 풍부하며, 산채와 과일, 해산물이 고루 풍족하다. 콩나물 기르는 법이 독특하고, 고추장과 술맛이 좋으며, 상차림의 가짓수도 전국에서 단연 제일이다. 특히, 음식 솜씨를 다투어 온 혼인의 이바지 음식이 화려하게 발달했다. 젓갈은 매우 간이 세고, 김치에는 고춧가루를 많이 쓰며, 국물이 없는 김치를 담근다. 전주의 비빔밥, 콩나물국밥 등 전국적으로도 가장 뛰어난 향토음식이 있으며, 맛의 고장이다.

산물은 농업이 주이며, 쌀, 보리, 고구마, 황토무, 양파 등이 생산되고, 잠업과 낙농도 성하다. 이밖에 특용작물로는 담배, 왕골, 차, 산채화, 생지황, 당귀, 인삼 등이 재배되고, 한지 생산도 많다. 수산물은 갈치, 참조기, 병어, 삼치, 준치, 강달이, 고등어, 도미, 김, 미역, 우뭇가사리, 꼬막, 바지라기, 홍합, 새우, 백합 등이 있으며, 소금도 생산된다. 풍부한 곡식과 해산물 산채 등으로 다른 지방보다 재료도 매우 많고, 음식에 매우 정성을 들이고 사치스럽다. 음식 종류는 다음과 같다.

가지김치, 감장아찌, 감설기, 꿀밤·꿀대추, 김구이, 깻잎구이, 김장아찌, 갓쌈김치, 쏙대기부각, 톳나물, 관주백당, 나복병, 돔베젓, 동김치, 고춧잎장아찌, 광주젓갈, 검들김치, 동아정과, 동아섞박지, 돌김자반, 김치지느러미, 두루치기, 동백잎부각, 밤죽, 묵은굴젓, 붕어조림, 어리김치, 산자, 상치절이지, 생미역탕, 숭어어란, 우렁회, 전어조림, 젓갈국김치, 꼬막무침, 고창고추장, 김치잎쌈, 꼴뚜기우생채, 광주애저, 우렁죽, 전라도짠지, 복령떡, 전약, 열무김치, 전주비빔밥, 어물새김, 고추김치, 겨자잡채, 몰무침, 파래무침, 밀떡, 파래김치, 갓소박이, 갈분옹이, 뱀장어구이, 못김무침, 바지락, 천어탕, 김무침, 죽순채, 추탕, 풋고추잡채, 풋고추반찬, 참게탕, 콩나물냉국, 토란대나물, 토란탕, 홍어회, 흑임자시루떡, 호박떡, 황새기젓, 낙지죽, 매생이국, 짱뚱어탕, 홍어탕, 돌산갓김치, 다슬기장아찌, 매실장아찌, 양하장아찌, 참게장, 토하젓, 수수부꾸미 등이다.

전주비빔밥

필수 재료

쌀 3컵
쇠고기(육회용) 80g
콩나물 250g(中 150g 국)
숙주
시금치
도라지(불려서)
돌미나리(연한 것)
고사리(불려서) 각각 100g씩
표고(마른) 3장

만드는 법

1. 쇠고기는 양념(마늘 1작은술, 파 1작은술, 설탕 2/3큰술, 참기름 1작은술, 후춧가루 조금)해 볶고, 표고는 얇게 저며 채 썰어서 고기 양념하여 볶아 준다.

2. 콩나물은 깨끗이 다듬어 삶아서 파, 마늘 양념을 한다. 국은 멸치나 다시마로 국물을 내어 맑게 끓인다.

3. 숙주는 거두절미하여 양념해서 무치고, 시금치는 깨끗이 씻어 데친 다음 찬물에 헹구어 물기를 짜고 양념한다. 돌미나리도 같은 방법으로 한다. 도라지는 가운데 심을 제거하고, 소금물로 주무른 후 익혀서 양념하여 무치고, 고사리도 볶아 준다.

4. 청포묵은 살짝 데쳐 참기름과 깨소금으로 무치고, 계란은 지단을 부쳐 채 썬다.

5. 그릇에 밥을 담고 그 위에 위의 재료를 얹은 후, 고추장과 콩나물국을 같이 낸다(밥을 1/3 담고, 육회를 가운데에 얹으며 나머지 나물은 주위에 담는다).

Tip. ① 밥물 : 육수 사용
　　② 청포묵, 쇠고기, 육회를 얹는다.

주꾸미조림

필수 재료

주꾸미 3마리, 파 1큰술,
마늘 1큰술, 참기름 1큰술,
고추장 1+1/2큰술, 조청 1큰술,
깨소금 1큰술, 간장 3작은술,
실고추 1작은술, 설탕 1큰술,
물엿 1/2큰술

만드는 법

1. 실고추와 주꾸미를 제외한 재료를 혼합하여 양념장을
   만든다.
2. 주꾸미는 껍질을 벗기고 데쳐서 양념을 잘 혼합하여 주
   물러 둔다.
3. 팬에 기름을 두르고 볶다가 꺼내기 전에 참기름을 둘러
   서 꺼낸다.

Tip. 여름 김치로 젓갈을 사용하지 않아도 된다.

낙지연포

필수 재료

세발낙지 3~4마리,
마늘 2큰술, 다진파 3큰술,
참기름 1큰술, 소금 약간

만드는 법

1. 민물에 낙지를 잘 씻어낸다.
2. 팔팔 끓는 물에 산 낙지를 통째로 넣은 후 살짝 데친 후
   소금으로 간을 맞추고 마늘 다진 것과 파, 풋고추를 썰
   어 넣는다.
3. 마지막으로 참깨와 참기름을 넣고 먹는다.

홍어어시욱

필수 재료

홍어 1/2마리(미리 사다가 껍질을 벗겨 말린다),
파 10g, 마늘 1큰술, 실고추 1작은술, 소금 1큰술,
청주 1큰술, 생강 1작은술

만드는 법

1. 홍어는 큼직하게 잘라 소금을 뿌려 이틀정도 꼬들꼬들
   하게 말린다.
2. 파, 마늘, 생강, 청주, 실고추를 채 썰어 섞는다.
3. 찜통에 짚을 깔고 찐다(냄새를 흡수하기 위해서).

Tip. ① 홍어는 흑산도에서 많이 나는 겨울 음식이다.
② 생선은 찌는 시간을 적게 하여, 살이 부서지지 않도록 하는 것이 좋다.

고들빼기김치

필수 재료

고들빼기 1단, 실파 200g,
양파 1개, 멸치젓 1컵,
고춧가루 1컵, 통깨 1큰술,
마늘 3큰술,
생강 1+1/2큰술,
소금, 찹쌀풀

만드는 법

1. 고들빼기는 다듬어 소금물에 5일 정도 삭힌다(짜지 않
   도록).
2. 볼에 양념을 만들어 버무린다.

Tip. 푹 익혀야 맛이 있다.

제주도 음식

제주도는 지형적으로 해촌, 양촌, 산촌으로 구분하여, 그 생활 형태에 차이가 있다. 양촌은 평야 식물지대로 농업을 중심으로 생활하고 있으며, 해촌은 해안에서 고기를 잡거나 해녀로 잠수어업을 하며 해산물을 얻는다. 그리고 산촌은 산을 개간하여 농사를 짓거나, 한라산에서 버섯, 산나물, 고사리 등을 채취하여 생활하였다. 주재료는 해초와 된장으로 맛을 내며, 수육으로는 돼지고기와 닭을 많이 쓴다. 사면의 바다에서 생산되는 수산물, 한라산의 산채 등 재료가 다양하지만, 섬으로 떨어진 곳이기 때문에 본토와는 다른 요리가 많다. 요리법이 간단하고 양념을 많이 넣지 않으니, 재료마다 자연의 독특한 향기로움이 그대로 입속에 감도는 것이 특색이라 하겠다. 쌀이 귀하여 잡곡이 주식을 이루고, 고기는 돼지고기, 닭고기를 많이 쓰며 귤과 오미자가 많이 생산된다. 한라산의 고사리와 버섯은 전을 부쳐 먹으며, 제주도에서만 잡히는 자리돔으로 자리회, 자리젓갈을 만든다. 해산물이나 닭으로 죽을 끓이기도 하고, 배추, 콩잎, 무, 파, 호박, 미역, 생선으로 만든 토장국이 별미이기도 하다. 또 제주도 명물요리의 하나로서 빙떡이 있다. 이것은 반죽한 메밀을 기름을 두른 팬에 얇고 둥글게 지지고, 식기 전에 무채소를 넣고 김밥 말듯이 말아 모양 있게 두 기둥을 꼭 눌러 내놓는 것으로 양념장에 찍어 먹는다. 대표적인 제주도의 향토음식은 꿩엿, 꿩적, 날고추·오이장아찌, 냉국, 녹두죽, 계란전, 고사리전, 고사리국, 고사리반찬, 개웃젓, 구살국(밤송이), 깅이국(게국), 깅이젓(게젓), 꿩국수, 꿩국, 댓부르기, 돌레떡, 돼지고기조림, 돼지새끼국, 돼지새끼회, 달떡, 닭고음, 닭죽, 지름방, 물룻쌀, 자리회, 두루치기, 침떡, 잡탕찌개, 매역해경, 전복죽, 제사떡, 제주도장류, 옥돔죽, 옥도미구이, 메밀저배기, 몰망회, 미삐쟁이, 물회, 감제떡, 반달떡, 빙떡, 갈치·호박국, 복쟁이지짐, 볼락구이, 초기죽, 강술, 개역, 칼국, 콩국, 고구마빼대기떡, 콩잎쌈, 톨냉국, 후춧잎장아찌, 톳나물, 햇병아리고음, 호박잎국, 볼락지짐, 비계회(상어류), 산아름(산열매), 상어산적, 상어지짐, 상어포구이, 생선국, 생선포, 술(보리술), 생선국수, 오징어회, 송아지찜, 소엽차, 메밀국, 멈떡, 송피철국먹기, 수애(순대), 양하무침, 소라젓, 엿, 오메기떡, 우미, 자굴차, 무냉국, 초기전(표고), 게장, 전복소라회, 속떡, 메밀만두떡, 좁쌀밥, 파래밥, 톳밥, 고등어죽, 깅이범벅, 고메기국, 고등어배추국, 보말국(고동국), 성게젓, 오분자기젓, 조개송편 등이다.

전복죽

필수 재료

전복 2개, 멥쌀 2컵(불린 것), 물 6~7컵,
소금 약간(청장), 참기름 1큰술

만드는 법

1. 쌀은 깨끗이 씻어 30분 정도 불린다.
2. 신선한 전복을 꺼내 내장을 제거한 후 소금물로 깨끗이
   씻어 얇게 채 썰기한다.
3. 바닥이 두꺼운 냄비에 참기름을 두르고 전복을 볶다가
   쌀을 넣어 볶고, 물을 부어 중간 불에서 주걱으로 저어
   가며 넘기지 말고 은근하게 끓인다. → 너무 센불에서
   끓이면 맛이 없고 질겨진다.
4. 죽이 다 되면 소금으로 간한다.

Tip. ① 전복은 칼이나 스푼으로 둘레를 분리시켜 낸다.
     ② 전복 모양은 100g 정도가 적당(크면 살이 질기다)하다.
          창자가   파란색 → 암놈
                  노란색 → 수놈

메밀저배기

필수 재료

메밀가루 2컵, 마른미역 20g(불린 미역 100g),
장국용 멸치 30g, 파 1뿌리,
청장 1큰술, 소금 약간

만드는 법

1. 메밀가루는 소금을 약간 넣고 끓는 물에 익반죽한다.
2. 멸치장국이 끓으면 불린 미역을 손으로 뜯어 넣는다.
3. 청장과 소금으로 간을 맞춘다.
4. 장국이 끓으면 반죽을 얇게 떼어 넣고, 다시 끓어 오르면
   그릇에 담아 낸다.

Tip. ① 미역은 칼로 써는 것보다 손으로 뜯는 것이 맛있다.
     ② 메밀 반죽은 너무 되지 않게 한다 → 딱딱해진다.
     ③ 멸치장국은 10분정도 끓인다. 많이 끓이면 인이 용출되어 맛이 씁쓸
        하다.
     ④ 중간파는 어슷썰기한다.

고사리전

필수 재료

고사리 100g, 계란 2개, 밀가루 약간

만드는 법

1 고사리에 파, 마늘, 참기름, 깨소금, 간장을 넣어 양념
　한다.

2 1을 팬에 볶는다.

3 2에 계란과 밀가루를 풀어 한 숟갈 정도 떠서 동그랗게
　지져 낸다.

빙떡

필수 재료

메밀가루 3컵, 실파 100g, 무 500g, 소금 1큰술,
깨소금 1큰술, 마늘 1작은술, 참기름 1작은술

만드는 법

1 메밀가루에 소금을 넣고 미지근한 물로 얇게 반죽한다.

2 무는 씻어 채 썰은(중간채로 썰기한다) 다음 끓는 소금물
　에 삶아 물기를 꼭 짜고, 실 파는 잘게 썰어 넣어 소금,
　깨소금, 마늘, 참기름으로 무친다.

3 팬에 기름을 두른 후 반죽을 한 국자씩 놓고, 직경이 약
　20cm가 되도록 얇게 지져 낸다(기름을 적게 하고 온도
　를 낮게 한다).

4 채반에 전병을 놓고 무채 무친 것을 한쪽에 놓고 말아
　준다.

5 식으면 살짝 지져 썰어 낸다.

Tip. 팥고물을 소로 넣어도 좋다.

　서울 음식은 전국 각지에서 여러 가지 재료가 모두 모여서, 이들 재료들을 다양하게 활용하여 사치스러운 음식을 만들었다. 우리나라에서 서울, 개성, 전주의 음식이 가장 화려하고 다양하다. 조선시대 초기부터 한양으로 도읍지를 옮겨, 아직도 한국 음식은 조선시대 풍의 요리가 남아 있다. 왕족과 양반계급이 많이 살던 한양은 격식이 까다롭고 맵시도 중히 여기며, 의례적인 것을 중요시하였다. 음식의 간은 짜거나 맵지 않고, 대체적으로 중간의 간을 지니고 있다.

　사치스러운 요리로는 신선로가 손꼽히며, 장국밥, 설렁탕, 약밥 등이고 육포, 어포, 홍합초 등 밑반찬이 유명하다. 그리고 서울의 추어탕은 경상도와 달리, 두부, 고추를 넣고 쇠곱창으로 곰탕처럼 끓인다. 양념은 곱게 다져서 쓰고, 음식의 양은 적으나 가짓수를 많이 만든다. 북부지방의 음식이 푸짐하고 소박한데 비하여, 모양을 예쁘고 작게 만들어 멋을 많이 낸다. 궁중음식은 양반집에 많이 전해져서, 서울 음식은 궁중음식을 많이 닮았으며 반가음식도 매우 다양하였다. 대표적인 음식 종류는 다음과 같다.

　설렁탕, 장국밥, 비빔국수, 국수장국, 메밀만두, 떡국, 편수, 잣죽, 흑임자죽, 생치만두, 육개장, 선짓국, 추어탕, 각색 전골, 갑회, 어채, 신선로, 구절판, 도미찜, 장김치, 육포, 어포, 홍합초, 각색편, 느티떡, 약식, 상치떡, 각색단자, 매작과, 약과, 각색다식, 각색 엿강정, 각색 전과, 복숭아화채, 화채류, 한방차 등이다.

어채

흰살 생선인 대구, 광어, 도미 등의 횟감에 녹말을 묻혀 끓는 소금물에 살짝 익힌 숙회이다.

필수 재료
흰살 생선(생선포 뜬 것) 400g

양념
고추장 4큰술, 간장 1/2큰술, 청주 1/2큰술, 식초 2작은술,
설탕 2작은술, 마늘즙 2작은술, 생강즙 1작은술,
잣가루 1작은술, 오이 1/2개, 붉은고추 2개, 표고버섯 3장,
석이버섯 5g, 달걀 2개, 소금 약간

만드는 법
1 민어는 물이 좋은 것으로 골라서 비늘을 긁고 내장을 뺀 후 세장뜨기하여 저민다.
2 마늘, 생강을 갈아서 양념과 혼합하여 초고추장을 만들고, 달걀은 황백으로 지단을 부쳐 가로 2cm, 세로 4cm로 썬다.
3 오이는 두껍게 돌려 깍기하고 붉은고추는 달걀과 똑같이 썬다. 표고, 석이도 불려 손질하여 오이와 같은 크기로 썬다.
4 냄비에 물을 넉넉히 넣고 끓여 소금으로 간하여 이상의 재료들을 녹말가루를 묻혀 바로바로 데쳐서 찬물에 헹구어 건져 낸다(생선은 너무 오래 끓이지 않는다).
5 모든 재료는 접시에 담고 초고추장은 잣가루를 뿌려서 낸다.

장국밥

필수 재료
양지머리 200g, 쇠고기 50g, 도라지 30g, 고사리 30g,
콩나물 40g, 무 20g, 청장 1큰술, 밥 2컵

고기양념
청장 2큰술, 파(다진 것) 1큰술, 마늘(다진 것) 1/2큰술,
깨소금 1큰술, 참기름 1/2큰술, 후춧가루 1/2작은술

만드는 법
1 양지머리와 무를 푹 삶아 나박썰기하고 국물은 장국으로 쓴다.
2 고기양념을 먼저 하고, 볼에 양지머리와 무를 넣고 간장, 참기름, 깨소금, 후춧가루를 넣어 양념한다.
3 뚝배기에 밥을 담은 후, 양념이 잘된 **2**를 넣는다.
4 그 위에 나물(다듬어 볶은 고사리, 데쳐 무친 콩나물, 다듬어 볶은 도라지)을 넣는다.
5 쇠고기 다진 것을 석쇠에 익힌 후 준비된 뚝배기에 올린다.
6 **1**의 물이 끓으면 국자로 떠서 **5**에 붓는다.
7 따뜻할 때 먹는다.

Tip. 장국물을 부을 때 다진 쇠고기와 나물들이 흩어지지 않도록 가장자리로 붓는다.

장김치

필수 재료

배추 반포기(400g), 무 1/3개(150g), 진간장 1컵, 갓 100g,
미나리 50g, 표고버섯 6개, 석이버섯 4장, 배 1개, 대파 1뿌리,
마늘 2큰술, 생강 1큰술, 밤 8개, 잣 1큰술, 실고추 약간,
설탕 3큰술, 물 2컵

만드는 법

1. 배추는 세로 2.5cm, 세로 3cm로 나박썰기하여 진간장
   을 붓는다. 숨이 죽으면 무를 넣어 2시간 정도 함께 절인
   다. 무도 숨이 죽으면 같은 크기로 나박썰기한다.
2. 대파의 흰부분을 채 썰고, 마늘, 생강은 곱게 채 썬다.
3. 밤과 배는 무와 같은 크기로 납작하게 썬다.
4. 미나리 줄기와 갓은 3cm 길이로 썬다.
5. 표고와 석이는 손질하여 채 썰고, 실고추는 짧게 끊어 놓
   는다.
6. 절여 놓은 무와 배추는 진간장을 따라 내고, 나머지 준비
   한 재료를 넣고 버무린 후 항아리에 담는다.
7. 따라 놓은 진간장물에 물을 보충한 후, 설탕과 간장으로
   간을 맞추어 항아리에 부어준다.

잡과병

필수 재료

멥쌀가루 10컵, 밤 300g, 대추 1컵,
곶감 6개, 귤껍질 1개분, 소금 1큰술, 물 4큰술,
흑설탕 1/2컵, 설탕 1/3컵, 물

만드는 법

1. 밤과 대추는 설탕 1/3컵에 졸이고, 귤껍질은 채 썰어 시
   럽에 조린다. 곶감은 씨를 바르고 잘게 썰어 준비한다.
2. 쌀가루를 체쳐 모든 재료를 섞고 시루에 찐다(흑설탕을
   섞는다).

참고문헌

1. 강인희, 한국식생활사, 삼영사, 1998.

2. 강인희, 한국의 맛, 대한교과서출판사, 1993.

3. 이성우, 한국식생활의 역사, 수학사, 1994.

4. 김연옥, 한국의 기후환경이 한민족 문화에 미친 영향, 정신문화연구, 14(1), 통권42호, 21, 1991.

5. 김경진, 식품조리 및 이론, 보성문화사, 1995.

6. 유태종 외 3인, 식품·영양 용어사전, 박영사, 1990.

7. 한국조리학회편, 조리용어사전, 도서출판 효일, 2001.

8. 김은실, 식품가공학, 문지사, 2000.

9. 강인희, 한국의 떡과 과줄, 대한교과서, 2001.

10. http://www.cheiljedang.co.kr

11. http://www.taejontimes.co.kr

12. http://www.webunified.com/cook/korean/r-ocea2/htm

13. http://my.netian.com/-selinney

14. 김경진, 상차림 세미나, 1984.

15. 김은실, 춘천지역 제사상차림에 관한 연구, 동아시아 식생활 학회지, 2002.

16. 강인희, 한국식생활 풍속사, 1984.

17. 윤서석, 한국의 전래생활, 수학사, 1993.

18. 윤숙자, 한국의 시절식, 지구문화사, 2000.

19. 이효지, 한국의 음식문화, 신광출판사, 1998.

20. 한억, 향토음식의 개발과 보급, 특집 한국음식문화 세미나, 한국식품개발연구원, 27권2호, 1994.

21. 김은실 외 2인, 전남지역 농촌주부들의 식생활 관리실태 조사, 한국조리과학회지, 15(4), 1999.

22. 김은실, 강원도 향토 음식에 관한 연구, 한림정보산업대학 논문집, 2002.

23. 김경진, 떡, 정년퇴직기념 논문집, 1988.

24. 강인희, 한국의 맛, 대한 교과서 주식회사, 1993.

25. 남경희, 간추린 우리나라 음식만드는 법.

26. 유태종, 식품보감, 문운당.

27. 식품카르테, 샘터사.

28. 유태종, 음식궁합, 문운당.

저자 소개

김은실
- 現 한림성심대학교 관광외식조리과 교수
- 숙명여자대학교 대학원 졸업(이학박사)
- Texas A&M Univ. Food Protein R&D center 연구원
- 제53회 강원도문화상 향토문화연구부문 수상
- 논문 : 강원지역 혼식 섭취실태, 인지도 및 선호도에 관한 연구,
  강원지역 이주여성들의 전통발효음식 인지도 및 선호도에 관한 연구,
  강원지역 외국인 주부들의 한국음식에 대한 인지도에 관한 연구,
  춘천지역 거주 주부를 대상으로 한 강원도 일부 향토음식 인지도에 관한 연구 외 다수
- 저서 : 글로벌한국음식, 식품과 영양, 한국의 발효음식, 한국음식과 문화 외 다수